智慧农业

主　编　王　建　李秀华　张一品

天津出版传媒集团

天津科学技术出版社

图书在版编目（CIP）数据

智慧农业 / 王建，李秀华，张一品主编. — 天津 ：天津科学技术出版社，2020.3
ISBN 978-7-5576-7252-2

Ⅰ. ①智… Ⅱ. ①王… ②李… ③张… Ⅲ. ①信息技术—应用—农业 Ⅳ. ①S126

中国版本图书馆 CIP 数据核字（2019）第 267004 号

智慧农业
ZHIHUI NONGYE
责任编辑：韩　瑞
责任印制：兰　毅
出　　版：天津出版传媒集团 / 天津科学技术出版社
地　　址：天津市西康路 35 号
邮　　编：300051
电　　话：(022) 23332390
网　　址：www. tjkjcbs. com. cn
发　　行：新华书店经销
印　　刷：三河市悦鑫印务有限公司

开本 850×1168　1/32　印张 7. 5　字数 200 000
2020 年 3 月第 1 版第 1 次印刷
定价：35. 00 元

《智慧农业》

编委会

主　编　王　建　李秀华　张一品

副主编　张艳红　杨　彬　蒋永涛
杨艳博　井亚敏　孟瑞斌
闫海莉　刘振华　王秀丽
鲁崇新　于　明

编　委　孙曙荣　纪卫华　袁爱荣

前　言

智慧农业是农业生产的高级阶段，是基于互联网平台、云平台的现代农业新业态与新模式。智慧农业是利用现代互联网技术，比如通信技术、大数据技术、智能化技术、感知技术等现代技术更好地让农业系统运转，进而提升农业生产效率与农产品质量，从而达到农业绿色可持续发展目标。

本书全面、系统地介绍了智慧农业的知识，内容包括：智慧农业概述、物联网助推农业智能生产、大数据支撑农业监测预警、智能化农业机械、农产品电子商务、发展智慧农业的难点与对策等内容。

由于编者水平所限，加之时间仓促，书中不尽如人意之处在所难免，恳切希望广大读者和同行不吝指正。

编　者

目 录

第一章　智慧农业概述

改革开放以来，我国农业发展取得了显著成绩，粮食产量不断增长，蔬菜、水果、肉类、禽蛋、水产品的人均占有量排在世界前列。目前，我国大力发展以运用智能设备、物联网、云计算与大数据等先进技术为主要手段的智慧农业以满足更多的需求。

智慧农业通过生产领域的智能化、经营领域的差异性以及服务领域的全方位等信息服务，推动农业产业链改造升级，实现农业精细化、高效化与绿色化，保障农产品的安全、农业竞争力的提升和农业的可持续发展。

智慧农业是智慧经济的重要组成部分，是智慧城市发展的重要方面。对于发展中国家而言，智慧农业是消除贫困、实现后发优势、经济发展后来居上、实现赶超战略的主要途径。

第一节　何谓智慧农业

对比传统农业，智慧农业的蔬菜无须栽种于土壤，甚至无须自然光，但产量却可达到常规种植的3～5倍；农作物的灌溉和施肥无须人工劳作，而由水肥一体化灌溉系统精准完成，比大田漫灌节水70％～80％；种植空间不只限于平面，还可垂直立体，土地节约高达80％；可利用无人机打农药，大棚采摘有机器人。传统农业的耕地、收割、晒谷、加工已全程实现机械化。

智慧农业是利用物联网等信息技术改造传统农业的，主要数字化设计农业生产要素，智能化控制农业物联网的技术和产品，它主要是通过传感技术、智能技术还有网络技术，实现农业技术的全面感知、可靠传递、智能处理、自动控制。传感技术用来采集动植物的生长环境和生育信息；网络技术是通过移动互联技术来传输信息；智能技术用来分析动植物生长情况和环境条件；自动控制技术则可以根据动植物生长情况对环境进行相应的调节，使环境更加适合动植物生长。

水稻田用上大田智能灌溉、无人植保机喷施农药等技术，人们就再也不用顶着烈日踩着水车给田里灌水了，也不用冒着生命危险背着喷雾器去打农药了。粮食的质量与产量都有了很大的提升。雨水收集再利用系统实现了节水型循环农业种植。

除了种植业以外，养殖户也开始采用高科技饲养家禽。村里的鸡舍、猪舍也实现了现代化管理，养殖户通过智能系统可以实现自动喂食、喂水，自动清洗动物粪便，还可以通过物联网监测与控制舍内环境，为鸡与猪创造良好的生长环境，肉、蛋的品质自然也就提高了。

智慧农业是指将云计算、传感网等现代信息技术应用到农业的生产、管理、营销等各个环节，实现农业智能化决策、社会化服务、精准化种植、可视化管理、互联网化营销等全程智能管理的高级农业阶段。智慧农业是一种集物联网、移动互联网和云计算等技术为一体的新型农业业态，它不仅能够有效改善农业生态环境、提升农业生产经营效率，还能彻底转变农业生产者、消费者的观念。

智慧农业主要依靠“5S”技术、物联网技术、云计算技术、大数据技术及其他电子和信息技术，并与农业生产全过程结合，是一种新的发展体系和发展模式。

【相关知识】

何谓5S技术

“5S”技术含义如下。

1. 遥感技术(RemoteSensing，RS)

遥感是农业技术体系中重要的工具。遥感技术利用高分辨率(采级分辨率)传感器，全面监测不同作物的生长期并根据光谱信息、空间定性、定位分析农作物的生长情况，为定位处的农作物提供大量的田间时空变化信息。

2. 地理信息系统(GeographicInformation System，GIS)

(1)农田数据库管理。GIS主要用于建立农田土地管理、土壤数据、自然条件、生产条件、作物苗情、病虫草害发展趋势、作物产量等内容的空间信息数据库并进行空间信息的地理统计处理、图形转换与表达等。

(2)绘制作物产量分布图。

(3)农业专题地图分析。GIS提供的覆合叠加功能将不同农业专题数据组合在一起，形成新的数据集。例如，GIS将土壤类型、地形、农作物覆盖数据采用覆合叠加，建立三者在空间上的联系，种植户可以很容易地分析出土壤类型、地形、作物覆盖之间的关系。

3. 全球定位系统(GlobalPositioning System，GPS)

GPS是一种高精度、全天候、全球性的无线电导航、定位、定时系统。

(1)系统组成

GPS由包括24颗地球卫星组成的空间部分、地面监控部分以及用户接收机三个主要部分组成。

(2)两大系统

目前，已建成投入运行的全球卫星定位系统有美国国防部建设的GPS系统和俄罗斯建设的GLONASS (Global Nvigation Satellite

System)。

(3)GPS在农业中的作用

(1)精确定位。农业机械化系统根据GPS的导航可将作物需要的肥料送到准确位置，也可以将农药喷洒到准确位置。

(2)田间作业自动导航。

(3)测量地形起伏状况。GPS系统能精确定位和高度测量地形。

4. 数字摄影测量系统(DigitalPhotogrammetry System，DPS)

DPS是具有数字化测绘功能的软、硬件摄影测量系统。数字摄影测量是基于计算机技术、数字影像处理、影像匹配、模式识别等多学科的技术理论与方法，提取所摄对象并以数字方式表达的几何与物理信息的摄影测量学的分支学科。

5. 专家系统(ExpertSystem，ES)

ES是具有与人类专家系统同等能力解决问题的智能程序系统。具体地讲，专家系统是指在特定的领域内，根据某一专家或专家群体提供的知识、经验及方法进行推理和判断，模拟人类专家做决定的过程，以此来解决那些需要人类专家决定的复杂问题，提出专家水平的解决方法或决策方案。

智慧农业体系运用“5S”技术快速分析土壤，监测作物长势，分析当时的气候、土壤情况等，进而做出正确的决策，将农业生产活动、生产管理相结合，创造新型农业生产方式和经营模式。

一、智慧农业的概念

(一)狭义的智慧农业

狭义的智慧农业就是充分应用现代信息技术成果，集成应用计算机与网络技术、物联网技术、音视频技术、无线通信技术及专家智慧与知识，实现农业可视化远程诊断、远程控制、灾变预警等智能管理的农业生产新模式。

智慧农业是农业生产的高级阶段，它集互联网、云计算和物联网技术为一体，依托部署在农业生产场地的各种传感节点(环境温湿度、土壤水分、二氧化碳、图像等)和无线通信网络实现农业生产环境的智能感知、智能预警、智能分析，为农业生产提供精准化种植、可视化管理、智能化决策，如图 1-1 所示。

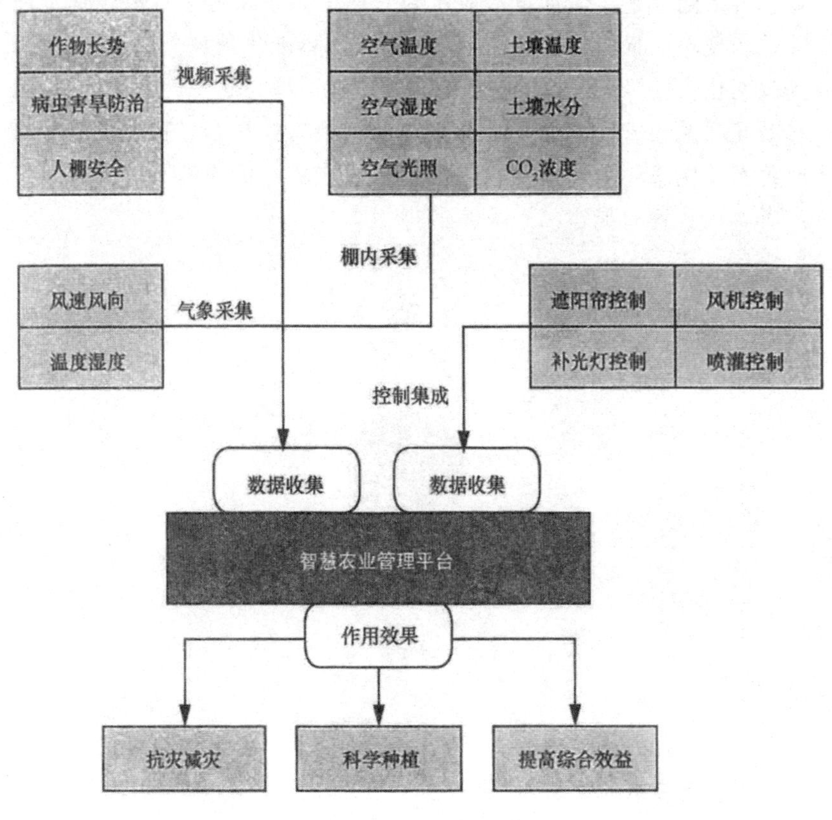

图 1-1　狭义的智慧农业

(二)广义的智慧农业

广义的智慧农业是指将云计算、传感网、3S 等多种信息技术在农业中综合、全面的应用。广义的智慧农业实现了更完备的信息化基础支撑、更透彻的农业信息感知、更集中的数据资源、更广泛的互联互通、更深入的智能控制、更贴心的公众服务。

广义范畴上，智慧农业还包含农业电子商务、食品溯源防伪、农业休闲旅游、农业信息服务等方面，如图 1-2 所示。它是将云计算、传感网等现代信息技术应用到农业生产、管理、营销等各个环节，实现农业智能化决策、社会化服务、精准化种植、可视化管理、互联网化营销等全程智能管理的高级农业阶段，还是一种集物联网、移动互联网和云计算等技术为一体的新型农业业态，它不仅能有效改善农业生态环境，提升农业生产经营效率，还能彻底转变农业生产者、消费者的观念。

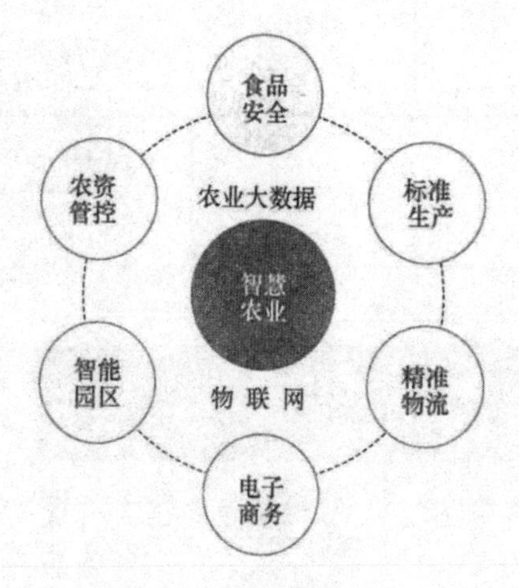

图 1-2　广义的智慧农业

二、智慧农业的特征

（一）智慧农业的基本特征

现代农业相对于传统农业，是一个新的发展阶段和渐变过程。智慧农业既是现代农业的重要内容和标志，也是对现代农业的继承和发展。智慧农业的基本特征是高效、集约，核心是信息、知识和技术在农业各个环节的广泛应用。

(二)智慧农业的产业特征

智慧农业是一个产业，它是现代信息化技术与人类经验、智慧的结合及其应用所产生的新的农业形态。在智慧农业环境下，现代信息技术得到充分应用，可最大限度地把人的智慧转变为先进的生产力。智慧农业将知识要素融入其中，实现资本要素和劳动要素的投入效应最大化，使得信息、知识成为驱动经济增长的主导因素，使农业增长方式从依赖自然资源向依赖信息资源和知识资源转变。因此，智慧农业也是低碳经济时代农业发展形态的必然选择，符合人类可持续发展的愿望。

三、现代的智慧农业

智慧农业被列入政府主导推动的新兴产业，它与现代农业同步发展，使现代农业的内涵更加丰富，时代性更加鲜明，先进性更加突出，这必将极大地加速农业现代化的发展步伐。

第二节 智慧农业概念的由来

智慧农业的概念由电脑农业、精准农业(精细农业)、数字农业、智能农业等名词演化而来，其技术体系主要包括农业物联网、农业大数据和农业云平台三个方面。智慧农业运用现代化的互联网手段将农业与科技相结合，用现代化的操作模式改变传统的耕作方式。

一、电脑农业

20 世纪 70 年代，美国 Illinois 大学的植物病理学家和计算机科学家共同开发出大豆病害诊断专家系统(PLANT/ds)。一个未经训练的普通人使用该系统能够识别大豆病害症状，并提出管理方案。此后，美国、日本、英国、荷兰、加拿大等国家相继开发了其他农业专家系统。其中最成功的要数美国农业部农业研究服务中心作物模拟研究所于1985年研究的棉花管理专家系统（COMAX－GOSSYM）。COMAX在农场内能提供灌溉、施肥、施用脱叶剂和棉桃开裂的最佳方案。

发达国家在完成工业化和农业机械化之后开始推进农业信息化建设，我国采取工业化和信息化并进的模式，充分发挥信息技术的后发优势，以信息化促进工业化，带动农业现代化发展。

从1996年开始，国家“863”计划“计算机主题”在原来技术探索和储备的基础上，开始实施智能化农业信息技术应用示范工程，以农业专家系统的开发及推广应用为重点，帮助农民提高种田水平，提高农业生产质量效益，帮助农民增收增效。电脑农业的实施增强了广大农民、农业技术人员对信息技术促进农业发展的认识，是信息技术在农业领域应用的成功典范，开拓了我国农业信息化工作的思路，成为加速我国农业现代化建设的催化剂。

电脑农业在我国粮食主产区和经济发达地区的实施，促进了这些地区农业的优质高产，提高了市场化水平，推动了农村现代化发展进程。

二、精准农业

精准农业（也称为精确农业）追求以最少的投入获得优质的高产出和高效益。精准农业是指利用遥感、卫星定位系统、地理信息系统等技术，实时获取农田每一平方米或几平方米为一个小区的作物生产环境、生长状况和空间变异的大量时空变化信息，及时管理并分析、模拟作物苗情、病虫害、伤情等的发生趋势，为资源的有效利用提供必要的空间信息。在获取信息的基础上，利用智能化专家系统、决策支持系统，按每一块的具体情况做出决策，做到精准播种、精准施肥、精准喷洒农药、精准灌溉、精准收获等精准化的生产管理。

精准农业的具体含义是指按照农业操作每一单元的具体条件，精细、准确地调整各项农业管理措施，在每一生产环节上最大限度地优化各项农业投入，以获取最大经济效益和环境效益。

在现代信息技术应用日趋广泛的今天，卫星和信息技术正在帮助许多国家的农业生产者进行低污染而又高效益的农业耕种。例如，英国梅西弗格森公司研制出全球定位测绘系统，该系统可用于耕地面积为 10km^2的农场。

目前，卫星定位系统和电脑结合的技术设备，在美国、欧洲和日本已广泛将其应用于拖拉机、播种机和收割机上。比如，将卫星定位系统接收器与电脑显示屏安装在拖拉机上和播种机上，农场主按照提前设定好的耕种路线图，在夜间照样可以均匀地精耕细作。将这些技术设备用在收割机上，收割机在收割时，驾驶舱里的显示屏就会准确显示每块地的庄稼产量和重量。卫星和信息技术还可以准确地监测每块庄稼的病虫害以及肥料、水分等庄稼营养成分的情况。

在现代信息技术的支持下，智慧农业得以大放光彩：

①根据土壤的状况改善肥力的效果。

②根据病虫害的情况调节农药喷洒量。

③不再耕种那些土壤已经板结的土地，放弃那些耕种时间过长的土地。

④自动调节拖拉机的耕种深度。

借助卫星的密切监视，加上拖拉机的电脑上记录的作业情况，农场主就可以以最“科学”的方式管理“电脑农场”。

三、数字农业

1997 年，数字农业由美国科学院、工程院正式提出。数字农业是指将遥感、地理信息系统、全球定位系统、计算机技术、通信和网络技术、自动化技术等高新技术与地理学、农学、生态学、植物生理学、土壤学等基础学科有机地结合起来，实现农业生产过程中从宏观到微观的实时监测农作物和土壤，定期获取农作物生长、发育状况、病虫害、水肥情况以及相应的环境信息，生成动态空间信息，模拟农业生产中的现象、过程，达到合理利用农业资源，降低生产成本，改善生态环境，提高农作物产量和质量的目的。

数字农业是对有关农业资源(植物、动物、土地等)、技术(品种、栽培、病虫害防治、开发利用等)、环境、经济等各类数据的获取、存储、处理、分析、查询、预测与决策支持系统的总称。数字农业是信息技术在农业应用中的高级阶段，是农业信息化的必由之路；农业信息化、智能化、精确化与数字化将是信息技术在农业应用中的结果。

四、智能农业

智能农业(或称工厂化农业)是指在相对可控的环境条件下，农业采用工业化生产，实现集约、高效、可持续发展的现代超前农业的生产方式，具有高度的技术规范和高效益的集约化规模经营的生产方式。

智能农业集科研、生产、加工、销售于一体，实现了周期性、全天候、反季节的企业化规模生产。它集成现代生物技术、农业工程、农用新材料等学科，以现代化农业设施为依托，使之科技含量高、产品附加值高、土地产出率高和劳动生产率高，是我国农业新技术革命的跨世纪工程。

智能农业系统实时采集室内温度、土壤温度、二氧化碳的浓度、空气湿度以及叶面湿度、露点温度等环境参数，自动开启或者关闭指定设备。它可以根据用户需求，随时进行处理，自动监测农业综合生态信息，为自动控制和智能化管理环境提供科学依据。智能农业系统通过模块采集温度传感器等信号，经由无线信号收发模块传输数据，远程控制大棚温湿度。智能农业系统还包括智能粮库系统，该系统通过将粮库内温湿度变化的感知与计算机或手机连接进行实时观察，记录现场情况以保证粮库的温湿度平衡。

基于物联网的智能农业系统可用于大中型农业种植基地、设施园艺、畜禽水产养殖和农产品物流。智能农业系统布设的6种类型的无线传感节点，包括空气温度、空气湿度、土壤温度、土壤湿度、光照强度、二氧化碳浓度，通过低功耗自组织网络的无线通信技术无线传输传感器数据。所有数据汇集到中心节点，通过无线网关与互联网或移动网络相连，实现农业信息的多维度(个域、视域、区域、地域)传输。用户通过手机或计算机可以实时掌握农作物生长的环境信息，系统根据环境参数诊断农作物生长状况和病虫害状况。同时，在环境参数超标的情况下，系统可远程控制灌溉设备等，实现农业生产的产前、产中、产后的全程监控，进而实现农业生产集约、高产、优质、高效、生态、安全等可持续发展的目标。

第三节　智慧农业的主要内容

智慧农业依照应用领域的不同大致分为智慧科技、智慧生产、智慧组织、智慧管理、智慧生活5个方面。

一、智慧科技

农业科技是解决“三农”问题的重中之重，农业只有依靠科技才能实现进步、发展，进而改善农民的生活。农业科技在现代科学技术发展的基础上实现了农业现代化，开创了农业发展新模式。互联网的加入方便了农业科学家的相互交流，有助于农业科技的进一步发展，使得农业科技更智慧。

二、智慧生产

农业生产是整个农业系统的核心，它包括生物、环境、技术、社会经济4个生产要素。农业数学建模可以表现农业生产过程的外在关系和内在规律，在此基础上建立的各种农业系统，可使生产的产品更安全、更具竞争力，减少了生产过程资源的浪费，降低了环境的污染。同时，新兴的各项技术还被应用于传统大宗农作物，并且我们据此开发了作物全程管理等多种综合性系统，这些系统操作简单、明了，被应用在经济作物、特种作物上，方便了广大农民的使用，使农业生产更智慧。

三、智慧组织

智慧组织是指优化各类生产要素，打造主导产品，实现布局区域化、管理企业化、生产专业化、服务社会化、经营一体化的组织模式。它由市场引领，带动基地、农户联合完成生产、功效、贸易等一体化的经管活动。各种组织将散户的小型农业生产转变为适应市场的现代农业生产。现代农业市场的竞争是综合性的，提升了品牌价值、改变经营方式的农产品才能更好适应现代农业市场。感知技术、互联互通技术等现代技术使得农业组织更为智慧。

四、智慧管理

现代农业的集约化生产和可持续发展要求管理人员实时了解农业相关资源的配置情况，掌握环境变化，加强对农业整体的监管，合理配置、开发、利用有限的农业资源，实现农业的可持续发展。我国农业资源分布有较大的区域差异，种类多、变化快，难以依靠传统方法进行准确预测，而现代技术的广泛应用方便了现代农业的管理，传感器的应用帮助农户高速实时获取信息，各类资源信息数据得以被农户管理和分析，农业的管理与决策更加智慧。

五、智慧生活

农村有了新的科学技术，有了配套的医疗卫生条件，新一代的农民接受更为多样的基础教育，也接受针对性的职业培训。智慧农业可以让本地农民更好地根据市场需要进行合理的生产，同时也能让农民在足不出户的情况下了解外面的世界，获取外界的资源。

第四节　智慧农业涉及的关键技术

一、物联网技术

物联网技术是以互联网为代表的信息技术的集成，其技术具体包括以下几个方面。

（一）无线传感器技术

智慧农业系统采用无线传感器技术收集农业生产参数，如温度、湿度、氧气浓度等，采用自动化、远程监控技术监测农作物的生长环境，将采集到的数据处理和汇总，并上传到农业智能化信息管理系统中。

（二）远程控制技术

系统根据监测到的农作物的生长参数，对比标准值灵活调整生产条件如采取远程控制技术调节二氧化碳的浓度，控制大棚湿度、温度等，有效提高了农业生产管理的智能化水平。

（三）无线射频技术、射频识别技术

智慧农业利用无线射频技术、射频识别（Radio Frequency Identification，RFID）技术，建立农产品安全管理信息系统，该系统可回溯到农产品的每一个生产环节，不断提升农产品技术含量和附加值。

（四）无线通信和扫描技术

智慧农业利用无线通信和扫描技术，建立无线传感信息系统。该系统实时采集农作物生产过程中的指标和环境参数，科学布局农

业生产结构，合理搭配农作物品种、采用科学检测方法确定农作物的健康状态，促进农作物生产管理向精细化、科学化的方向发展。

二、云计算技术

云计算技术在农业生产管理中具有很广泛的运用空间，智慧农业可以利用其集约化、动态化资源分配和管理的优势，建立现代化、集约化和科学化的农业生产技术运用平台。目前，许多省市正在建立现代农业信息平台，该信息平台可以收集农作物种植、生产加工、物流运输和市场消费数据，形成不同类别的管理报表和数据库，为开展科学分析提供充分的数据信息参考。

云计算系统可执行数据收集、分类、保密等操作指令，按照一定的规则和方式存储、调用和共享云数据。通常，县级农业主管机构负责收集农业生产信息和数据，基层农业生产机构监督数据，而云计算系统则专业加工和处理数据，这些数据可为生产管理者提供参考。

三、大数据技术

大数据技术是指采用统计学理论和方法，通过精细化分析、聚类、总结海量数据，找出有价值的目标数据资源，分析繁杂事务中的本质关系；通过比较不同层次、维度、历史和现代数据，找出有规律性的东西，得出有价值的结论。

在农业生产和管理领域中，大数据技术有广泛的运用空间，具体应用有以下几点。

①大数据技术能提取历年来农业生产的灾害数据、土壤肥力等参数信息、农产品市场需求数据等，采用统计分析方法，通过实证分析和案例比较，为智慧农业发展提供有益的信息参考和指导。

②大数据技术能利用农业资源数据，如水资源、大气环境、生物多样性等资料数据，研究我国农业发展面临的资源、环境和生物

多样性的问题，在对农业生产进行综合调查的基础上，提出有针对性的改进措施。

③大数据技术能通过收集农业生产、生态环境数据和参数，如土壤、空气、湿度、温度、日照等数据，建立数学回归模型、预测模型，科学分析农业生产条件和环境。

④大数据技术能通过收集农产品生产、加工、物流和仓储数据，如生产者、加工流程、产业链、物流体系、库存管理、市场销售等数据，建立覆盖生产前，中、后的数据库系统，分析农产品生产安全问题，切实提高农产品安全管理水平，为广大消费者提供可靠的食品供应。

⑤大数据技术能利用农业生产监控技术，如远程视频技术、实时数据采集技术、自动化控制技术等，分析农业生产过程存在的问题，为农业生产、农产品加工提供科学指导。

第二章　物联网助推农业智能生产

第一节　农业物联网系统

一、农业物联网的架构

农业物联网主要包括三个层次：感知层、传输层和应用层。第一层是感知层，包括 RFID 条形码、传感器等设备在内的传感器节点，可以实现信息实时动态感知、快速识别和信息采集，感知层主要采集内容包括农田环境信息、土壤信息、植物养分及生理信息等；第二层是传输层，可以实现远距离无线传输来自物联网采集的数据信息，在农业物联网上主要反映为大规模农田信息的采集与传输；第三层是应用层，该系统可以通过数据处理及智能化管理、控制来提供农业智能化管理，结合农业自动化设备实现农业生产智能化与信息化管理，达到农业生产中节省资源、保护环境、提高产品品质及产量的目的。农业物联网的三个层次分别赋予了物联网能全面感知信息、可靠传输数据、有效优化系统及智能处理信息等特征。农业物联网技术的三个层面如图 2-1 所示，农业物联网三个层面中包括的内容及种植业的细分技术层面如图 2-2 所示。

二、农业物联网的特点

物联网无线自组织网络在国内外研究应用非常广泛，尤其在工业控制领域。物联网的组网通信协议研究也随之成为研究热点。但

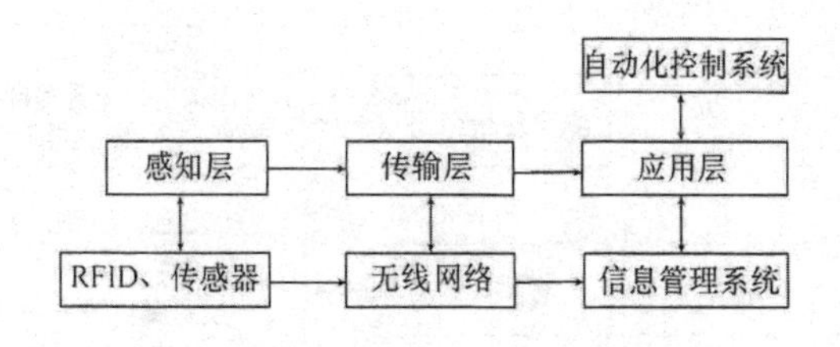

图 2-1　农业物联网的三个层面

物联网应用环境不一样，往往导致它的通信协议并不一定完全兼容于其他场合，如环境监测、农场机械、精准灌溉、精准施肥、病虫害控制、温室监控、大田果园监控、精准畜牧等。不同的应用环境需要不同的组网方式。传统的无线网络包括移动通信网、无线局域网、蓝牙技术通信网络等，这些网络通信设计都是针对点对点传输或多点对一点传输方式。然而物联网的功能不仅是点对点的数据通信，在通信方面有更高的目标和措施。

20 世纪末以来，美国、日本等发达国家和欧洲都相继启动了许多关于无线传感器网络的研究计划，比较著名的计划有 SensorIT、WINS、SmartDust、SeaWeb、Hourglass、Sensor Webs、IrisNet、NEST。之后，美国国防部、航空航天局等多渠道投入巨资支持物联网技术的研究与发展。然而，农业物联网所处物理环境及网络自身状况与工业物联网有本质区别。农业物联网的主要特点如下。

(一)大规模农田物联网采集设备布置稀疏

农业物联网设备成本低、节点稀疏，布置面积大，节点与节点间的距离较远。对于实际农业生产而言，目前普通农作物收益并不高，农田面积大、投入成本有限，大规模农田在物联网信息投入方面决定了大面积农田很难密集布置传感节点。另外，大面积的在农田里铺设传感节点不仅给农业作业带来许多干扰，特别对农业机械化作业形成较大的阻碍，也会给传感节点的维护带来诸多不便，导致传感网络维护成本过高等。在大规模农田里，农业大田环境可以

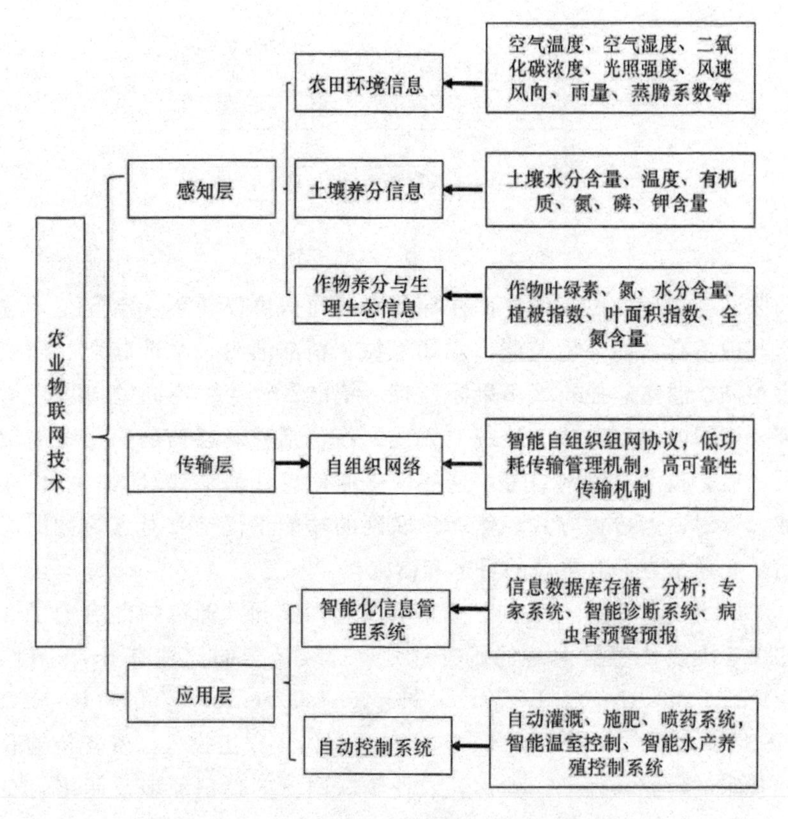

图 2-2　农业物联网种植智能化系统构成

根据实际情况划分成若干个小规模的区域，每个小区里可以近似地认为环境相同、土质和土壤养分含量基本相同。因此，在每一个小区里铺设一个传感器节点基本可以满足实际应用需要。

(二)农业传感节点要求传输距离远、功耗低

对于较大规模的农田，物联网信息采集节点与节点之间的距离往往会比较大。由于布置在农田中，节点一般无人维护，也无市电供电。因此，节点不仅要求传输距离远，还要求功耗小，在低成本太阳能供电情况下实现长期不断电的工作要求。因此，农业物联网必须要求低功耗通信和远距离传输。

（三）农业物联网设备面临的环境恶劣

农业物联网设备基本布置在野外，在高温、高湿、低温、雨水等环境下连续不间断运行，而且作物的生长会影响信息的无线传输，因此要求对环境的适应能力较强。同时，农业从业人员文化素质不高，缺乏设备维护能力，因此，农业物联网设备必须稳定可靠，而且具有自维护、自诊断的能力。

（四）农业物联网设备位置不会经常大范围变动

农业物联网信息采集设备一旦安装好后，不会经常大范围调整位置。特殊需要时也只需小范围调整某些节点。移动的节点结构在网络分布图内不会有太大的变化。

综上所述，农业物联网技术应用特点及环境与工业物联网有明显区别。工业组网规则不一定能满足农业物联网信息传输需求。

三、农业物联网的应用

整体来说，目前一些农业信息感知产品在农业信息化示范基地开始运用，但大部分产品还停留在试验阶段，产品在稳定性、可靠性、低功耗等性能参数上还与国外产品存在一定的差距，因此，我国在农业物联网上的开发及应用还有很大的空间。

近十年来，美国和欧洲的一些发达国家和地区相继开展了农业领域的物联网应用示范研究，实现了物联网在农业生产、资源利用、农产品流通领域、精细农业的实践与推广，形成了一批良好的产业化应用模式，推动了相关新兴产业的发展。同时还促进了农业物联网与其他物联网的互联，为建立无处不在的物联网奠定了基础。我国在农业行业的物联网应用，主要实现农业资源、环境、生产过程、流通过程等环节信息的实时获取和数据共享，以保证产前正确规划以提高资源利用效率，产中精细管理以提高生产效率、实现节本增效，产后高效流通、实现安全溯源等多个方面，但多数应用还处于试验示范阶段。

（一）大田种植方面

国外，Hamrita 和 Hoffacker 应用 RFID 技术开发了土壤性质监测系统，实现对土壤湿度、温度的实时检测，对后续植物的生长状况进行研究；Ampatzidis 和 Vougioukas 将 RFID 技术应用在果树信息的检测中，实现对果实的生长过程及状况进行检测；美国 AS Leader 公司采用 CAN 现场总线控制方案；美国 StarPal 公司生产的 HGIS 系统，能进行 GPS 位置、土壤采样等信息采集，并在许多系统设计中进行了应用。国内，基于无线传感网络，实现了杭州美人紫葡萄栽培实时监控；高军等基于 ZigBee 技术和 GPRS 技术实现了节水灌溉控制系统；基于 CC2430 设计了基于无线传感网络的自动控制滴灌系统；将传感器应用在空气湿度和温度、土壤温度、CO_2 浓度、土壤 pH 值等检测中，研究其对农作物生长的影响；利用传感器、RFID、多光谱图像等技术，实现对农作物生长信息进行检测；中国农业大学在新疆建立了土壤墒情和气象信息检测试验，实现按照土壤墒情进行自动滴灌。

（二）畜禽养殖方面

国外，Hurley 等进行了耕牛自动放牧试验，实现了基于无线传感器网络的虚拟栅栏系统；Nagl 等基于 GPS 传感器设计了家养牲畜远程健康监控系统；Taylor 和 Mayer 基于无线传感器，实现动物位置和健康信息的监控；Parsons 等将电子标签安装在 Colorado 的羊身上，实现了对羊群的高效管理；荷兰将其研发的 Velas 智能化母猪管理系统推广到欧美等国家，通过对传感器检测的信息进行分析与处理，实现母猪养殖全过程的自动管理、自动喂料和自动报警。国内，林惠强等利用无线传感网络实现动物生理特征信息的实时传输，设计实现了基于无线传感网络的动物检测系统；谢琪等设计并实现了基于RFID的养猪场管理检测系统；耿丽微等基于RFID和传感器设计了奶牛身份识别系统。

（三）农产品物流方面

国外，Mayr等将RFID技术应用到猪肉追溯中，实现了猪肉追溯管理系统。国内，谢菊芳等利用RFID、二维码等技术，构建了猪肉追溯系统；孙旭东等利用构件技术、RFID技术等，实现了柑橘追溯系统；北京、上海、南京等地逐渐将条形码、RFID、1C卡等应用到农产品质量追溯系统的设计与研发中。

第二节　农田小气象

农业气象学的主要研究对象是对农业生产有利的光、热、水、气的组合（农业自然资源）和有害的组合（农业自然灾害），以及它们的时间和空间分布规律，从而服务于农业生产中的区域规划、作物种植布局、人工调节小气候和农作物的栽培管理，为农业生产和气候资源的利用提供咨询和建议服务，提高农业经济效益。

具体来讲，农业气象学主要研究的是有利和不利的气象条件对农业生产对象（包括农作物、森林植物、园艺植物、食用菌、牧草、牲畜、家禽、鱼类等各个方面），及其过程（包括农业生产对象的生长发育、品质产量、农业技术的推广和实施、病虫害防治等）的影响，从而促进农业的高产、优质和低成本。可以从两方面进行概括：①影响农业生产的气象的发生、发展及其分布规律，②农业气象如何影响相关的农业问题，以及相应的解决途径。

第二次世界大战以后，急剧增长的人口对粮食供应形成了巨大的压力，而世界范围内的气候变化又带来了诸多影响粮食生产的不稳定因素，引起各国政府的密切关注。在这样的背景下，农业气象学的发展伴随着农业科学和大气科学的快速发展，也得到相当大程度的推进。

当前，农业气象的研究手段主要包括传统农业气象观测和基于传感器的气象信息自动采集。传统的观测手段主要是在农田内定时定点获取气象信息，特点是相当费时费力，且带有一定的主观因素。而应用传感器的自动采集方式则借助传感器技术的快速发展，检测对象涵盖农田小气象、农作物理化参数及农业灾害等各个方面，在实时性、准确性和检测成本方面均具有非常大的优势。

农田小气象研究对象主要是指地形、下垫面特征和其他各种因素(如农田活动面状况、物理特性等)所引起的气象过程及其特征，如辐射平衡和热量平衡的变化，以及各种变化对于农作物生长发育的过程和农产品产量的影响。

一、风速、风向传感器

在气象学中，风即指空气的水平移动，这种移动包括风速(水平向量的模)和风向(水平向量的幅度角)两个描述因素，故主要的传感器包括风速传感器和风向传感器。

(一)风速传感器

风速传感器的主要检测指标包括风速和风量，同时还要能够进行实时的反馈，目前的风速传感器的构造原理主要有以下几种。

1. 超声波涡接测量原理

超声波风速传感器是利用超声波时差法来实现风速的测量，如图 2-3 所示。声音在空气中的传播速度，会和风向上的气流速度叠加。超声波的传播速度会在与风向一致的情况下加快，在相反时减慢。因此，在固定的检测条件下，超声波波速和风速具有对应的函数关系。虽然温度会对超声波波速产生影响，但由于传感器检测的是两个通道的相反方向，因此可以忽略。

2. 压差变化原理

固定一个障碍物(如喷嘴或孔板)在流动方向上，如果流速不一样，则会产生一个压差。通过对压差的测量，就可以得到流速，如图 2-4 所示。

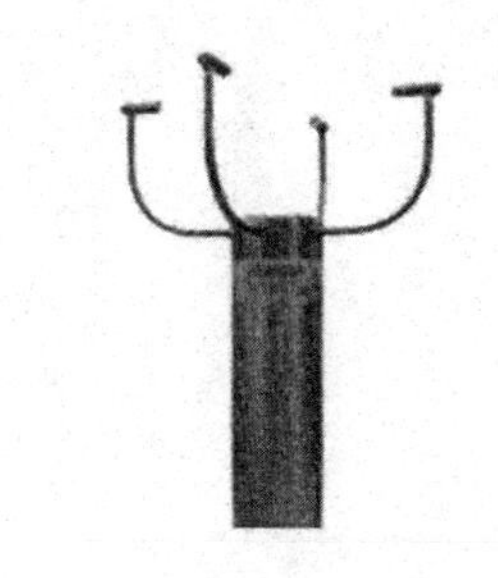

图 2-3　超声波时差风速传感器

图 2-4　压差式风速传感器

3. 热量转移原理

根据卡曼涡街理论，插入一根无限长的非线性阻力体(即旋涡发生体 C，风速传感器的探头横杆)于无限界流场中，风流经过时，在旋涡发生体边缘下游侧会产生两排交替的、内旋的旋涡列(气流旋涡)，而旋涡的产生频率 f 正比于流速 V，其公式为

$$f=St\times V/d \tag{4.2}$$

式中，f 为旋涡产生频率；V 为流速；St 为斯特劳哈尔数。

因此超声波风速传感器就是利用超声波旋涡调制的原理来测定旋涡频率的，如图 2-5 所示。

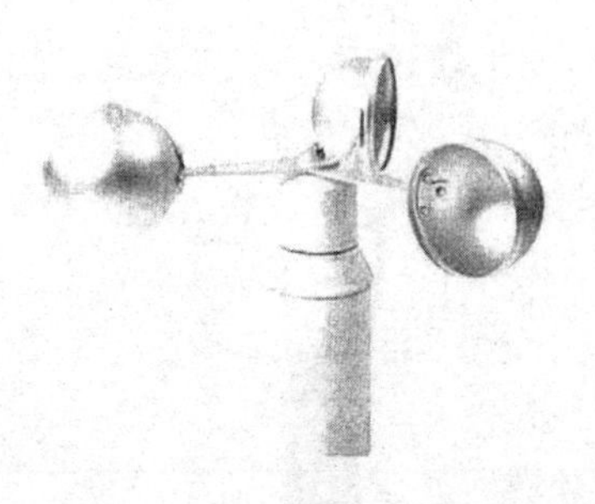

图 2-5　超声波旋涡风速传感器

（二）风向传感器

风向传感器通过探测风向箭头的转动来获取风向信息，再将信息传送给同轴码盘，以及对应风向各参数的物理装置。风向传感器可用于农田环境中近地风向的监测，依照工作原理的不同，可分为光电式、电压式和罗盘式等。

1. 光电式风向传感器

光电式风向传感器采用绝对式格雷码盘编码转换光电信号以准确地获取风向信息。

2. 电压式风向传感器

电压式风向传感器采用精密导电塑料传感器将风向信息用电压信号输出相。

3. 电子罗盘式风向传感器

电子罗盘式风向传感器通过 RS485 接口输出由电子罗盘获取到的绝对风向。

（三）风速、风向传感器的应用

目前，我国正加大力度扶持风电产业的发展，如内蒙古地区的风电产业就已经具有一定的规模。然而风力发电的不稳定却使其成本相对较高，而最大限度地控制风机发电就要准确及时地掌握风向和风速，从而对风机进行实时的调整。同时，电场的位置也要有利于对风速和风向预知，以具有合理分析的基础。因此，风速风向传感器是风电产业发展所必需的基础设施。

通过风速风向传感器，风机可以实时地进入或退出电网(3 m/s左右进入，25 m/s左右退出)，保障风力发电机组具有最高的风能转换效率；风向仪还可以指示偏航系统，当风速矢量的方向变化时，能够快速平稳地对准风向，以便风轮获得最大的风能。由此可见，对风速风向传感器这样的关键部件的质量技术要求是很苛刻的。

风杯风速计是最常见的测风仪器，其成本低廉便于使用，但存在着很多问题。例如，移动部件易磨损、体积大、维护困难，并且仪器支架的安装显著地影响测量的准确度，还易出现结冰和吹折，防尘能力差，易出现腐蚀。同时，机械式风速风向仪还存在启动风速，低于启动值的风速将不能驱动螺旋桨或者风杯进行旋转。对于低于启动风速的微风，机械式风速仪将无法测量。

测量风速风向对人类更好地研究及利用风能具有很大的推动作用。风速风向传感器作为风电开发不可缺少的重要组成部分，直接影响着风机的可靠性和发电效率的最大化，也直接关系到风电场业主的利润、赢利能力、满意度。

二、雨量传感器

雨量是在一定时段内降落到地面上(忽略渗漏、蒸发、流失等因素)的雨水的深度。雨量传感器的主要构成部件包括承水器、过滤漏斗、翻斗、干簧管、底座和专用量杯等。雨量传感器可为防洪、供水、水库水情管理等政府或研究部门提供原始数据。如今雨量传感器在市场上也是非常多见，且有多种样式，下边简单介绍一种常见的翻斗式雨量传感器。

翻斗式雨量传感器以开关量形式的数字表示输出降雨量信息，完成信息的传输和处理，同时进行记录和显示，如图2-6所示。

降雨经由雨量传感器的储水器进入漏斗的上翻斗，积累到一定

图 2-6　翻斗式雨量传感器

程度时，重力作用使上翻斗翻转，进入漏斗。降雨量经节流管进入计量翻斗，把不同强度的自然降雨转换为均匀的大降雨强度以减少测量误差，当计量翻斗中的降雨量为 0.1 mm 时，雨量传感器的计量翻斗翻倒降雨使计量翻斗翻转。在翻转时，相应磁钢对干簧管进行扫描。干簧管因磁化而瞬间闭合一次。当接收到降雨量时，雨量传感器即开关信号。

雨量计的上翻斗是引水漏斗中的一体化组件，下翻斗为计量斗。下翻斗上增加了一个活动分水板和两个限位柱改变其回转方向，在翻水过程中，活动分水板顶端分水刃口能自动地迴转到降水泄流水柱的边缘临界点位置，当翻斗水满开始翻水时，分水刃口即会立即跨越泄流水柱完成两个承水斗之间的降水切换任务，由此缩短了降水切换时间，减小了仪器测量误差。

雨量传感器翻斗上的两个恒磁钢和两个干簧管，被调整在合适的耦合距离上，使传感器输出的信号与翻斗翻转次数之间具备一定的比例关系。仪器两路输出分别用作现场记数计量和遥测报信。

三、蒸发量传感器

水面蒸发观测是探索水体的水面蒸发在不同地区和时间上的分布规律的有效途径，可以为水文水利计算和科学研究提供依据。随着信息化发展，数字式、超声波水面蒸发传感器应运而生，极大地提高了人工观测的效率，实现自动溢流、自动补水、降雨量自动扣除及误差自动修正，使蒸发数据更加准确、客观、实时。

（一）数字式蒸发传感器

以 FFZ－01、ZQZ－DV 型数字式蒸发传感器为例，其他数字蒸发量传感器都有一样的基本原理。光电开关旋转编码器的编码盘是 FFZ－01、ZQZ－DV 型数字式蒸发传感器的核心部件，用不锈钢材料制作而成，采用工业级 IC 芯片和进口半导体光电开关制作读码板组件，使传感器具有良好的机械性能和高低温电气性能。传感器编码器的角度转动范围为 0°～90°，编码器自 0 位顺时针旋转到 90°，可输出 0～1023 组编码数据，测量 0～100 mm 水面蒸发器的变化，传感器的静水桶通过连通管与蒸发器的蒸发桶或蒸发池连通，安装于静水桶上端的圆形支板上的光电编码器，测缆悬挂于编码器测轮上，浮子安装在净水桶内。当蒸发桶中的水面蒸发引起水位下降时浮子即拉动测缆带动测轮和编码器旋转，编码器即可输出与水面下降量相对应的编码数据。当遇到降雨，汇集到蒸发桶的雨水使水面升高，静水桶中的水位同步上升，编码器即可输出与水面上升量对应的编码数据。

（二）超声波蒸发传感器

对于超声波蒸发传感器主要以 AG1－1 型和 AG2.0 型为例进行介绍。AG1－1 型超声波蒸发传感器的主要组成成分为超声波传感器和不锈钢圆筒架，在原 E601B 型蒸发器内安装不锈钢圆筒架且在圆筒顶端安装高精度超声波探头，基于超声测距的原理，对蒸发水面进行连续测量，转换成电信号输出，如图 2-7 所示。而 AG2.0 型超声波蒸发传感器核心部分都是超声波蒸发传感器，该仪器由 AG1－1 型超声波蒸发传感器改进而来，可以通过改善测量环境从而较大幅度地提高测量精度。与研发的 AG1－1 型传感器相比，AG2.0 增加了净水桶、连接管、防护罩等附属部分，避免在E601B型蒸发器内直接架设不锈钢圆筒支架，在E601B型蒸发桶的中部利用连接管将净水桶与蒸发桶连接起来。通过净水桶水面的变化反映蒸发桶内蒸发水面的变化情况。

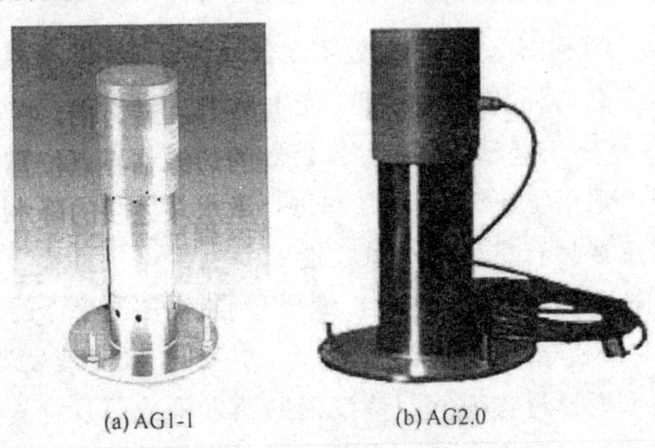

(a) AG1-1　(b) AG2.0

图 2-7　超声波蒸发传感器

四、辐照(辐射)传感器

辐射传感器分为红外线传感器与核辐射传感器。红外辐射又称为红外线，波长主要分布在0.76～1000 nm，热辐射是红外辐射本质。辐射出来的红外线及辐射强度与物体的温度呈正相关关系，红外线传感器测量时不与被测物体直接接触，因而不存在摩擦，并且有灵敏度高、反应快等优点。

(一)红外线传感器

红外线传感器是由光学系统、检测元件和转换电路组成，如图2-8所示。其中，根据结构不同光学系统可分为透射式和反射式两类；按工作原理来分，检测元件又可分为热敏检测元件和光电检测元件。热敏元件使用最多的是热敏电阻。热敏电阻受到红外线辐射时温度升高，电阻发生变化，通过转换电路变成电信号输出。光电检测元件常用的是光敏元件，通常由硫化铅、硒化铅、砷化铟、砷化锑、碲镉汞三元合金、锗及硅掺杂等材料制成。红外线传感器常用于无接触温度测量，气体成分分析和无损探伤，主要应用于医学、军事、空间技术和环境工程等领域。

（二）红外辐射温度计

红外辐射温度计既可高温测量，又可用于冰点以下进行温度测量的优点，使其成为辐射温度计的发展趋势。常见的红外辐射温度计的温度范围从−30～3000℃，中间分成若干个不同的规格，可根据需要选择合适的型号。红外辐射温度计的主要组成部分是光学系统、光电探测器、信号放大器及信号处理、显示输出(Cano et al., 2007)。光学系统汇聚目标红外辐射能量，红外能量聚焦在光电探测器上并转变为相应的电信号，该信号再经换算转变为被测目标的温度值。

图 2-8　红外线传感器

第三节　常用的农业物联网无线通信技术

一、射频通信技术

（一）射频通信技术的概述

射频识别(radio frequency identification，RFID)技术，是一种

近距离无线通信技术，可以通过无线信号识别特定信息，并读写相关数据。

在射频通信系统中，电子标签与读写器进行无线通信。其中，保存有商品信息的电子标签附着在物品上；读写器对电子标签进行识别并读取数据。电子标签并不需要处在读写器的视线之内，只要处于几十米范围之内，读写器均可以通过电磁场或无线电波与电子标签建立通信，从而自动辨识并追踪商品。当读写器读取了商品信息后，也可以将信息传送到互联网，以便消费者查询商品信息。

（二）RFID 系统的构成

RFID 系统基本都是由电子标签、读写器和系统高层三部分组成。RFID 系统的基本组成如图 2-9 所示。

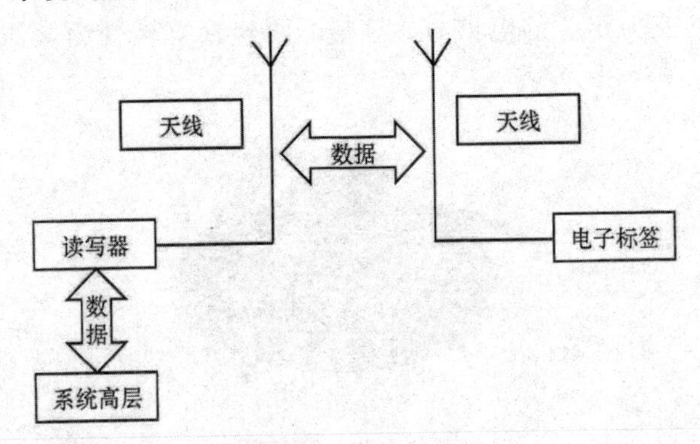

图 2-9　RFID 系统的基本组成

电子标签（tag 射频卡）由耦合元件及芯片组成，含有内置天线，可用于和射频天线进行通信。每个标签具有唯一的电子编码，存储着物品的信息，附着在物体上以便标识目标对象。

FID 系统工作时，首先由读写器（Reader 阅读器）发射一个特定的无线电波信号，当电子标签接收到这个信号后，就会给出含有电子标签携带数据信息的反馈信号，读写器接收并处理到这个反馈信号，然后将处理后的反馈信号传输处理器进行相应操作。

复杂的RFID系统需要对大量数据进行实时处理，其一般有多个读写器，并且每个读写器要同时对多个电子标签进行操作，这就需要系统高层处理问题。系统高层的数据交换与管理由计算机网络系统完成。

(三)RFID在农产品冷链温度控制中的应用

RFID在农产品运输中的应用获得了企业的认同，特别是在农产品的冷链运输中的应用效果更为突出。农产品的冷链运输过程必须严格要求时间与温度的双重保障，RFID技术可以对农产品的信息进行实时而准确地采集，可以对整个运输过程进行温度监控，从而实现了农产品冷链运输的标准化，这无疑提高农产品冷链运输的效率与效果，下面就针对RFID在温度控制中的应用进行简要介绍。

首先需要提前将温度传感器置入冷链农产品的包装内，然后设定传感进行定时温度检测，保存温度信息，并将测量到的温度数据写入到RFID标签中。在运输过程中系统就可以利用在运输车辆上设置的读写器采集电子标签中农产品的信息，然后利用计算机完成对温度数据的获取，并交给后端冷链信息系统进行汇总与处理。冷链管理系统就可以根据当时农产品所处的环境与温度情况发出相应的指令，指导运输管理人员控制农产品的环境温度，以此实现对农产品运输的温度监控。利用这样的思路与控温流程，冷链农产品的运输环境就得到充分的保障，从而保证了农产品的新鲜度和质量。

二、调频通信技术

(一)调频通信概述

迄今，调频已经在无线电广播(利用超短波)、电视和无线电通信中(发送语言、电报符号和静止图像)得到了广泛的应用。类似于人类语言、音乐、电报符号和电视脉冲的电信号的传播必须利用频率要比相应的语言或音乐的电信号的频率高很多的电磁波。因此，高频振荡必须在适当的电路中按照语言或音乐的电信号进行某种改变(如改变其频率)。把高频振荡和被发射的电磁波按照低频信号改变的过程，称为调制。信号的调制有三种方式，分别是调频、调幅和调相，其中调频技术应用最为广泛。

现代科技的发展，给通信领域带来了巨大的变革，但是也使得通信频段的使用分配更趋紧张，其中，中、短波段通信问题更为显著。为了消除邻近电台的相互干扰和频率重叠现象，广播系统中必须限制每个电台占有的频带宽度。中、短波广播电台的频宽规定为 9 kHz，这就意味着传输信号的最高频率必须小于 4.5 kHz。然而这远不能满足目前高质量广播信号的要求。调频通信技术改善了调幅通信系统的性能。调频接收机中的限幅电路，可以消去叠加在调频信号上的幅度干扰信号，提高信噪比；调频信号的载波叠在超高频段，有利于提高调制信号的带宽。

(二)调频信号的产生

调频的方法可分为直接调频和间接调频。直接调频即调制信号通过调频器直接控制压控振荡器的瞬时频率，就可以使振荡器的瞬时频率按照调制信号的规律发生变化，相对来说比较简单。间接调频的载波频率比较稳定，但电路较复杂，频移小，且寄生调幅较大，通常需多次倍频使频移增加。

(三)调频技术的优点

调频波的振幅是不带任何信息的，对于干扰引起的影响，只要把它加以限幅处理，便可消除。当然，干扰也可能造成载波频率的偏移，但这种频移程度有限，只要加大调频信号的频移，即可保证通信质量。总体来说调频技术抗干扰能力较强。

(四)用锁相环调频器来实现调频的原理

锁相环是一个能够跟踪输入信号相位的闭环自动控制系统。随着通信、雷达和测量仪表等技术的发展，锁相环在无线电技术的各个领域都得到广泛的应用，充当起高稳定度频率源的角色。图 2-10 为以锁相环为基础构成的调频器。

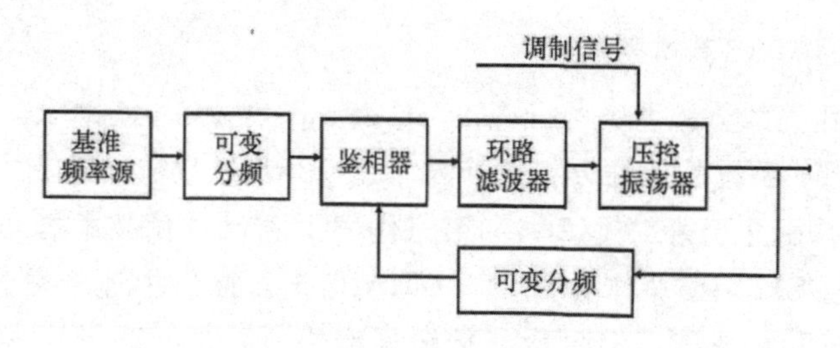

图 2-10　以锁相环为基础构成的调频器

输入的调制信号直接作用于压控振荡器，使压控振荡器的输出频率直接受输入信号幅度的控制。一般锁相环中环路滤波器的输出和输入的调制信号都可以作用在压控变容二极管上，以便兼顾锁相环和调制器两者的要求。当然，为了避免锁相环失锁，对直接作用在压控振荡器上的调制信号的幅度和频率都有一定的要求。

当它在调频状态下工作时，锁相环的鉴相输出保持不变，因此锁相环还是处于锁定状态，而且由于调制信号的幅度较低，不足以破坏锁相环的锁定状态，所以锁相环的稳频作用依然存在。但是由于鉴相器和环路滤波器有一定的滞后特性，环路滤波器的输出控制电压跟不上调制信号的变化，使得压控振荡器的输出频率在一定范围内受调制信号的直接控制，从而实现了调频。

（五）车载调频广播电台的应用

车载调频广播电台就是将调频广播电台安装在车辆上以便移动的车载直播设备，它主要由调频发射机、发射天线、播放器、逆变器和话筒等设备组成。

由于车载调频广播具有移动性，其可以承担地方或各级政府之间的交流活动；另外其还可用于自然灾害、突发事件、交通事故、森林防火等应急指挥与救援，以及自驾游车队指挥与联络、旅游车队导游解说、现场直播等场合。

三、GPRS 通信技术

(一)GPRS 基本概念

通用无线分组业务(general packet radio service，GPRS)是一种基于 GSM 系统的无线分组交换技术。GPRS 经常被描述成“2.5G”，即这项技术介于第二代(2G)和第三代(3G)移动通信技术之间，它通过利用 GSM 网络中未使用的 TDMA 信道，提供中速的数据传递。GPRS 通信一般覆盖范围大、传输速率快、需要的登录接入等待时间较短、能够提供实时在线功能及仅按数据流量收费，并且可以实现数据的分组发送和接收。

(二)GPRS 通信系统的组成

基于 GPRS 网络的无线通信系统通常包括 4 个部分：GPRS 网络(提供数据传输通道)、GPRS 数据传输单元(DTU)、多个用户数据终端(提供 RS232/RS485/TTL 接口电路)和数据中心(通过网络接收并处理 DTU 发送来的数据)。图 2-11 为 GPRS 数据无线通信系统组成。

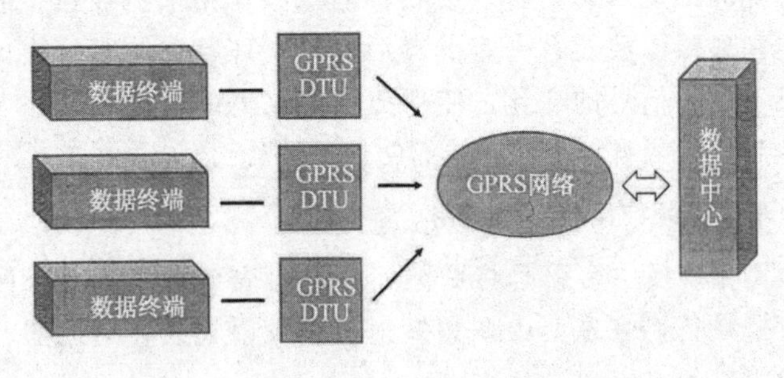

图 2-11　GPRS 数据无线通信系统组成

GPRS 数据终端通过 GPRS 网络使数据采集终端与数据中心之间进行数据的透明传输。数据终端与 GPRSDTU 之间的接口方式一般为 RS232、RS485 或 TTL，用户数据中心是 Internet 中心站主要的设备，对 DTU 传送来的数据进行接收处理，同时进行协议转换，并存入数据库。

(三)GPRS 通信系统的应用

GPRS 通信系统在农业生产中已有成功应用。本节主要列举基于 GPRS 通信的农田节水灌溉控制系统。其自动控制系统由远程监控主站(中央集控室)及现地子站(带智能终端的电磁阀)共同组成。中央集控系统按照无人值守方式进行设备系统配置，通过 GPRS 网络实现信号的远程传输，并结合分布在田间灌溉管网上带智能终端的电磁阀，实现对灌溉管网的自动开闭和开闭角度控制。基站与基站间的最大距离按照不超过 1000 m 进行优化布设，以便提高数据传输的准确可靠性。中央集控中心上位机系统中的高级应用软件根据系统采集的信号数据(土壤水分、土壤温度、空气湿/温度等)自动运算分析，用以进行农作物生长环境参数的调控决策，经集成网络通信模块，经过滤、编码、调制、放大等处理后，由基站发射天线发射，进行远程传输。接收天线在接收到远程载波数据信号后，经滤波电路进行噪声过滤消除后，通过射频收发模块 nRF903 进行编码解调，再由智能终端中的高速 PLC 控制器或单片机等下位机控制系统进行解码后，形成对应的控制信号，驱动对应的驱动电路，来完成灌溉电磁阀的开闭、开度调节及电磁阀打开时间的控制，进而实现农田节水灌溉的精确调控，达到提高水资源综合利用效率、节约水资源的目的。

四、WIFI 通信技术

(一)WIFI 技术概述

WIFI (wireless fidelity)，又称为 IEEE802.11b 标准，它是一种可以将个人计算机和手持设备(如 iPad、手机)等终端以无线方式互相连接的技术。它的最大优点就是传输速度较高，可以达到 11

Mbit/s，另外它的有效距离也很长，同时也与已有的各种IEEE802.11DSSS设备兼容。

IEEE802.11b无线网络规范是在IEEE802.11a网络规范基础上发展起来的，最高带宽为11 Mbit/s，在信号较弱或有干扰的情况下，带宽可调整为5.5 Mbit/s、2 Mbit/s和1 Mbit/s，带宽的自动调整有效地保障了网络的稳定性和可靠性。在开放性区域，通信距离可达305 m；在封闭性区域通信距离为76～122 m，方便与现有的有线以太网络整合，组网的成本更低。现在WIFI技术已经受到人们广泛认可，只要有WIFI无线网络覆盖，人们就可以随时连接互联网来浏览各种需要的信息。

（二）WIFI技术特点

WIFI技术已经被广泛应用，主要是基于如下优点：WIFI无线网络覆盖范围广，且不需要布线；使用时不与人体直接接触，绝对安全；数据传输速度快，可以达到11 Mbit/s。然而目前使用的IP无线网络也存在一些不足之处，如由于带宽不高、覆盖半径小、切换时间长等，使得其不能很好地支持移动VoIP等实时性要求高的应用；无线网络系统对上层业务开发不开放，使得适合IP移动环境的业务难以开发。此前定位于家庭用户的WLAN产品在很多地方不能满足运营商在网络运营、维护上的要求。

（三）WIFI插座在智慧农业中的应用

图2-12是WIFI插座系统构成，包括WIFI插座、无线路由器、远程服务器、手机控制终端、手机接入网络和Internet网络。WIFI智能插座可以实现远程控制的功能。优点主要是费用低廉，不需要网关；安装简单，不需要破坏现有农业基础；使用方便，可以随意扩充插座的数量；控制灵活，可以用智能手机进行远程控制。

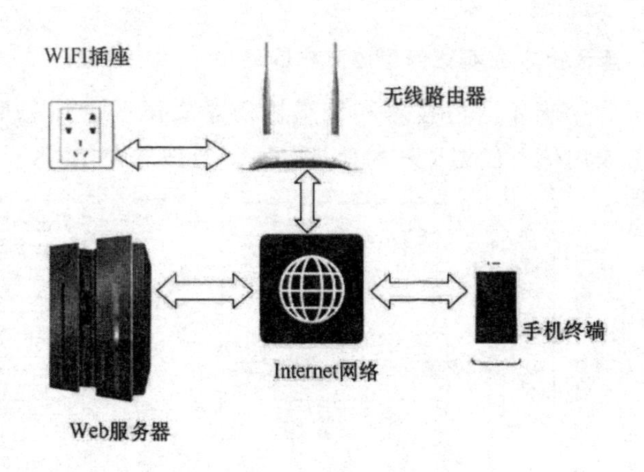

图 2-12 WIFI 插座系统构成

五、蓝牙通信技术

(一)蓝牙通信技术的概述

蓝牙是一种近距离无线连接技术标准的代称，它支持设备短距离通信(一般在 10 m 之内)的无线电通信技术，能在包括移动电话、PDA、无线耳机、便携式计算机、相关外设等众多设备之间进行无线信息交换。利用蓝牙技术，能够有效地简化移动通信终端设备之间的通信，也能够成功地简化设备与互联网之间的通信，从而数据传输变得更加迅速高效，为无线通信拓宽道路。

(二)蓝牙通信技术的特点

蓝牙技术能够提供低成本、近距离的无线通信，构成固定与移动设备通信环境中的个人网络，使得近距离内各种设备能够实现无缝资源共享。因此蓝牙技术可以随时随地用无线接口来代替有线电缆连接；具有很强的移植性，可应用于多种通信场合；低功耗和低辐射，对人体危害小；低成本，易于推广。

（三）蓝牙技术在农业信息监测中的应用

通过利用蓝牙通信技术和传感器构建农田温度信息监测系统，从而实现农田信息的温度实时监控。系统通信方式如图 2-13 所示。

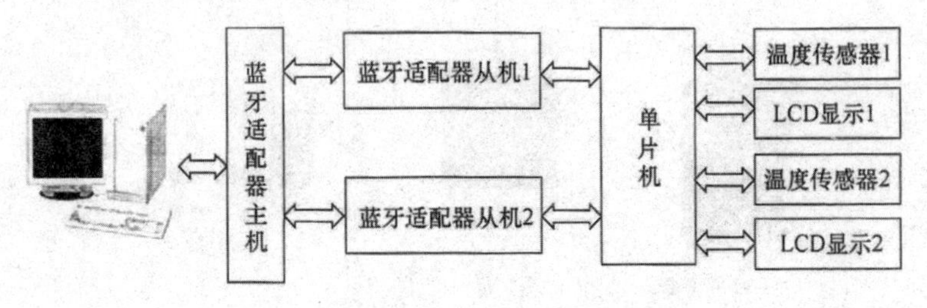

图 2-13　系统通信方式

温度传感器将采集到的土壤温度数据传入单片机进行处理，再由单片机将处理后的数据送到 LCD 显示屏和蓝牙模块。LCD 显示屏用于农业现场显示数据，蓝牙模块则通过串口仿真功能仿真 1 个 UART 接口与蓝牙适配器（主机）进行通信，把数据传输到蓝牙适配器，然后通过 PC 机上的 COM 口把数据传到 PC 机上进行显示，实现农业信息的监测。

第四节　4G、5G 通信技术

一、移动通信的发展历程

（一）第一代移动通信技术（1G）

1G 主要采用的是模拟技术和频分多址（FDMA）技术，其受到传输带宽的限制，不能进行移动通信的长途漫游，只能是一种区域性的移动通信系统。

（二）第二代移动通信技术（2G）

2G 主要采用的是数字的时分多址（TDMA）技术和码分多址

(CDMA)技术。它克服了模拟移动通信系统的弱点，话音质量、保密性能得到大的提高，并可进行省内、省际自动漫游。第二代移动通信替代第一代移动通信系统完成模拟技术向数字技术的转变，但由于第二代采用不同的制式，移动通信标准不统一，用户只能在同一制式覆盖的范围内进行漫游，无法进行全球漫游，其也无法实现高速率的业务。

（三）第三代移动通信技术(3G)

相比前两代通信技术而言，3G 通信技术传输速率优势更为显著：其传输速度最低为 384 K，最高为 2M，带宽可达 5 MHz 以上。第三代移动通信能够实现高速数据传输和宽带多媒体服务。第三代移动通信网络能够提供包括卫星在内的覆盖全球的网络业务之间的无缝连接。满足多媒体业务的要求，从而为用户提供更经济、内容更丰富的无线通信服务。但第三代移动通信仍受到基于地面、标准不同的区域性通信系统的局限。

（四）第四代移动通信技术(4G)

随着科技的发展，用户对移动通信系统的数据传输速率要求越来越高，而 3G 系统实际所能提供的最高速率目前最高的也只有 384 kbp。为了满足用户的实际需求，需要更广阔的移动通信市场，国际电信联盟(ITU)和各厂商们开始思索 4G 系统的研究和技术标准制定。然而目前 4G 的具体定义并不是很明确。在 2005 年 10 月的 ITU－RWP8F 第 17 次会议上，ITU 给了 4G 一个正式的名称 IMT－Advanced，其具体定义如下：主要是集 3G 与 WLAN 于一体，能够传输高质量视频图像，具有较高的数据传输速率，并能够满足所有用户对无线服务的要求，且价格与固定宽带网络相同，并可以实现商业无线网络、局域网、蓝牙、广播和电视卫星通信等的无缝连接并相互兼容。4G 具有更高的数据率和频谱利用率，更高的安全性、智慧性和灵活性，更高的传输质量和服务质量。4G 系统应体现移动与无线接入网及 IP 网络不断融合的发展趋势。因此，4G 系统应当是一个全 IP 的网络。

二、3G 网络体系和层次结构

(一)3G 网络结构

3G 保留了 2G 所使用的电路交换，采用的是电路交换和分组交换并存的方式，而 4G 完全采用基于 IP 的分组交换，是网络能够根据用户需要分配带宽。第四代移动通信的网络结构如图 2-14 所示。

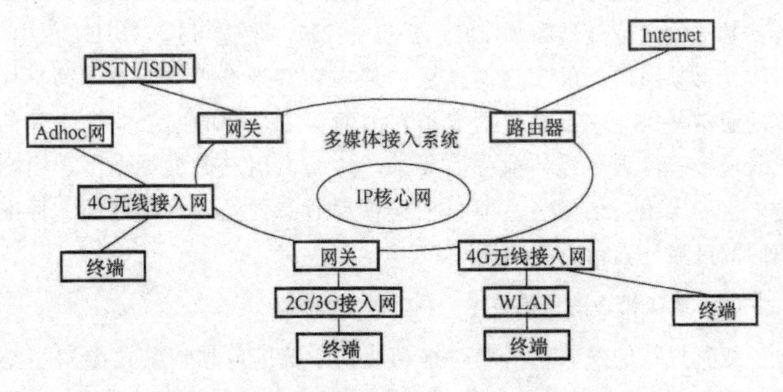

图 2-14　第四代移动通信的网络结构

核心 IP 网络作为一种统一的网络，支持有线及无线的接入。无线接入点可以是蜂窝系统的基站，WLAN（无线局域网）或者 ad hoc 自组网等。公用电话网和 2G 及未实现全 IP 的 3G 网络等则通过特定的网关连接。另外，热点通信速率和容量的需要或网络铺设重叠将使得整个网络呈现广域网、局域网等互联、综合和重叠的现象。

(二)4G 的网络层次结构

4G 的网络结构层次主要可以分为三方面：应用环境层、中间环境层和物理网络层。4G 体系的网络分层图如图 2-15 所示。物理网络层提供接入和路由选择功能，其由无线和核心网的结合格式完成。

中间环境层的功能有QoS映射、地址变换和完全性管理等。物理网络层与中间环境层，以及应用环境层之间的接口是开放的，可提供无缝高数据率的无线服务，并运行于多个频带。

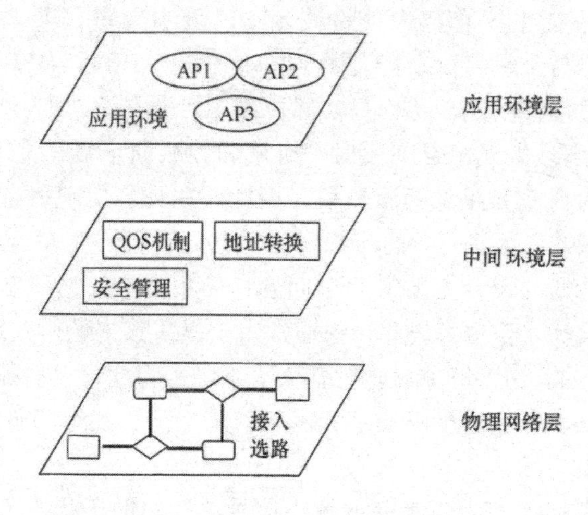

图2-15　4G体系的网络分层图

（三）3G**网络中的关键技术**

1. OFDM

OFDM (orthogonal frequency division multiplexing)即正交频分复用技术，是一种新型的高效的多载波调制技术。其主要原理是将待传输的高速串行数据经串/并变换，分配到传输速率较低的子信道上进行传输，再用相互正交的载波进行调制，然后叠加一起发送。接收端用相干载波进行相干接收，再经并串变换恢复为原高速数据。OFDM能够有效对抗多径传播，使受到干扰的信号能够可靠地被接收。

OFDM系统由两部分构成，上半部分对应于发射机链路，下半部分对应于接收机链路。发送端将被传输的数字数据转换成子载波幅度和相位的映射，并进行IDFT（反离散傅里叶变换），将数据的频域表达式变到时域上。接收端进行与发送端相反的操作，将 RF 信号与本振信号进行混频处理，并用 FFT 变换分解为时域信号，子载波的幅度和相位被采集出来并转换回数字信号。

OFDM 系统主要有四大关键技术：时域和频域同步，信道估计，信道编码与交织，以及降低峰均功率比(PAPR)。OFDM 系统对定时和频率偏移敏感，特别是实际应用中可能与 FDMA、TDMA 和 CDMA 等多址方式结合使用时，时域和频域同步显得尤为重要。而同步可分为捕获和跟踪两个阶段。因此，在具体实现时，同步可以分别在时域或频域进行，也可以时频域共同进行。在 OFDM 系统中，信道估计器的设计主要有两个问题：导频信息的选择和最佳信道估计器的设计。信道编码和交织通常用于提高数字通信系统性能。高的 PAPR 使得 OFDM 系统的性能大大下降，为此，人们提出了基于信号畸变技术、信号扰码技术和基于信号空间扩展等降低 OFDM 系统 PAPR 的方法。

OFDM 技术具有可以消除或减小信号波形间的干扰，可以最大限度利用频谱资源；适合高速数据传输；抗衰落能力强；抗码间干扰(ISI)能力强等优势。但是 OFDM 也存在不足之处：易受频率偏差的影响；存在较高的峰值平均功率比等。

2. 软件无线电

软件无线电(SDR)是将标准化、模块化的硬件功能单元经一通用硬件平台，利用软件加载方式来实现各类无线电台的各单元功能，对无线电信号进行调制或解调及测量的一种开放式结构的技术。中心思想是使宽带模数转换器(A/D)及数模转换器(D/A)等先进的模块尽可能地靠近射频天线的要求。尽可能多地用软件来定义无线功能。其软件系统包括各类无线信令规则与处理软件、信号流变换软件、调制解调算法软件、信道纠错编码软件和信源编码软件等。软件无线电技术主要涉及数字信号处理硬件(DSPH)、现场可编程器件(FPGA)和数字信号处理(DSP)等。

3. 智能天线技术

智能天线(SA)定义为波束间没有切换的多波束或自适应阵列天线。智能天线具有抑制信号干扰、自动跟踪及数字波束调节等功能，被认为是未来移动通信的关键技术。其基本工作原理是根据信号来波的方向自适应地调整方向图，跟踪强信号，减少或抵消干扰信号。智能天线采用了空分多址(SDMA)的技术，成形波束可在空间域内抑制交互干扰，增强特殊范围内想要的信号，既能改善信号质量又能增加传输容量。

4. 多用户检测技术和多输入多输出技术

多用户检测(MUD)技术能够有效地消除码间干扰，提高系统性能。多用户检测的基本思想是把同时占用某个信道的所有用户或某些用户的信号都当作有用信号，而不是作为干扰信号处理。利用多个用户的码元、时间、信号幅度及相位等信息联合检测单个用户的信号，即综合利用各种信息及信号处理手段，对接收信号进行处理，从而达到对多用户信号的最佳联合检测。多用户检测是4G系统中抗干扰的关键技术，能进一步提高系统容量，改善系统性能。随着不同算法和处理技术的应用与结合，多用户检测获得了更高的效率、更好的误码率性能和更少的条件限制。

多输入多输出技术(MIMO)是指利用多发射和多接收天线进行空间分集的技术，它采用的是分立式多天线，能够将通信链路分解成为许多并行的子信道，从而大大提高系统容量。MIMO技术可提供很高的频谱利用率，且其空间分集可显著改善无线信道的性能，提高无线系统的容量及覆盖范围。

5. 基于IP的核心网

4G通信系统选择了采用IP的全分组方式传送数据流，因此IPv6技术是下一代网络的核心协议。基于IP的核心网有以下优势：巨大的地址空间，IPv6地址为128位，代替了IPv4的32位，地址空间大于 3.4∈1038；自动控制，IPv6 的基本特性之一是能够支持无状态或有状态两种地址自动配置方式。核心网独立于各种具体的无线接入方案，能提供端到端的 IP 业务，能同已有的核心网和 PSTN 兼容；核心网具有开放的结构，能允许各种空中接口接入核心网；同时核心网能把业务、控制和传输等分开。IP 与多种无线接入协议相兼容，因此在设计核心网络时具有很大的灵活性，不需要考虑无线接入究竟采用何种方式和协议。

（四）3G 与 4G 的比较

1. 技术指标方面

3G 提供了高速数据，在图像传输上，其静止传输速率达到 2 Mbp，高速移动时的传输速率达到 114 kbp，慢速移动时的传输速率达到 384 kbp，带宽可以达到 5 MHz 以上。UMT 采用 WCDMA 技术，利用正教码区分用户，有 FDD 和 TDD 两种双工方式。

4G 数据传输速率从 2 Mbp 到 100 Mpb；容量达到第 3 代系统的 5～10 倍，传输质量相当于甚至优于第 3 代系统。广带局域网应能与宽带综合业务数据网（B－ISDN）和异步传送模式（ATM）兼容，实现广带多媒体通信，形成综合广带通信网；条件相同时小区覆盖范围等于或大于第 3 代系统；具有不同速率间的自动切换能力，以保证通信质量；网络的每比特成本要比第 3 代低。

2. 技术方面

3G 的关键技术是 CDMA 技术，而 4G 采用的是 OFDM 技术。OFDM 可以提高频谱利用率，能够克服 CDMA 在支持高速率数据传输时信号间干扰增大的问题；在软件无线电方面，4G 对 3G 中的软件无线电技术进行升级，满足 4G 中无线接入多样化要求，使得 3G 中无线接入标准不统一的问题得以解决。同时在 4G 中，实现软切换和硬切换相结合，对 3G 中的软件无线电基础上通过增加相应的硬件模块，对相应的软件进行升级使它们最终都融合到一起，成为一个统一的标准，实现各种需求的功能；3G网络采用的主要是蜂窝组网，4G采用全数字全IP技术，支持分组交换，将WLAN、Bluetooth等局域网融入广域网中。在4G中提高智能天线的处理速度和效率。在TD－SCDMA采用智能天线的基础上，对相关的软件和算法加以升级，增加一些接口协议来满足4G的要求；4G系统也使用了许多新技术，包括超链接和特定无线网络技术、动态自适应网络技术、智能频谱动态分配技术及软件无线电技术等；在功率控制上，4G比3G要求更加严格，其目的是为了满足高速通信的要求。不仅频率资源限制移动用户信号的传输速率，而且基站和终端的发射功率也限制了用户信号的传输速率。在3G中，采用切换技术来减少对其他小区的干扰，提高话音质量。不过在4G中，切换技术的应用更加广阔，并朝着软切换和硬切换相结合的方向发展。

3. 速度方面

国际通信联盟通信委员会的最新研究显示，在使用同样数量频谱(在客户手机与互联网之间传送信息的无线电波)的情况下，下一代移动技术的数据传输能力将是现有3G技术的2倍以上。

传输能力的增强对满足英国迅速增加的移动数据流量来说至关重要，而移动数据流量的增加主要受智能手机和移动宽带数据服务(如流媒体、电子件、信息服务、地图服务和社交网络等)增长的带动。

英国计划从2013年开始采用4G移动通信技术，届时，移动宽带服务的速度将显著提高——接近目前的ADSL家庭宽带速度。通过有效地利用4G技术，这一目标有望得到部分实现。

(五)大4G标准

国际电信联盟(ITU)已经将WiMax、HSPA＋、LTE正式纳入到4G标准里，加上之前就已经确定的LTE－Advanced和WirelessMAN－Advanced这两种标准，目前4G标准已经达到了

5种。

1. LTE

长期演进(long term evolution，LTE)项目是3G的演进，它改进并增强了3G的空中接入技术，采用OFDM和MIMO作为其无线网络演进的唯一标准。主要特点是在20 MHz频谱带宽下能够提供下行100 Mbit/s与上行50 Mbit/s的峰值速率，相对于3G网络大大地提高了小区的容量，同时将网络延迟大大降低：内部单向传输时延低于5 ms，控制平面从睡眠状态到激活状态迁移时间低于50 ms，从驻留状态到激活状态的迁移时间小于100 ms。并且这一标准也是3GPP长期演进(LTE)项目，是近两年来3GPP启动的最大的新技术研发项目，其演进的历史如下。

GSM→GPRS→EDGE→WCDMA→HSDPA/HSUPA→HSDPA+/HSUPA+→LTE长期演进GSM：9K→GPRS：42 K→EDGE：172K→WCDMA：364 K→HSDPA/HSUPA：14.4 M→HSDPA+/HSUPA+：42 M→LTE：300 M

由于目前的WCDMA网络的升级版HSPA和HSPA+均能够演化到LTE这一状态，包括中国自主的TD－SCDMA网络也将绕过HSPA直接向LTE演进，所以这一4G标准获得了最大的支持，也将是未来4G标准的主流。该网络提供媲美固定宽带的网速和移动网络的切换速度，网络浏览速度大大提升。

2. LTE－Advanced

LTE－Advanced的正式名称为Further Advancements for E－UTRA，它满足ITU－R的IMT－Advanced技术征集的需求，是3GPP形成欧洲IMT－Advanced技术提案的一个重要来源。LTE－Advanced是一个后向兼容的技术，完全兼容LTE，是演进而不是革命，相当于HSPA和WCDMA这样的关系。LTE－Advanced的相关特性如下：①带宽：100 MHz；②峰值速率：下行1 Gbp，上行

500 Mbp；③峰值频谱效率：下行 30 bp/Hz，上行 15 bp/Hz；④针对室内环境进行优化；⑤有效支持新频段和大带宽应用；⑥峰值速率大幅提高，频谱效率有限改进。

如果严格地讲，LTE 作为 3.9G 移动互联网技术，那么 LTE－Advanced 作为 4G 标准更加确切一些。LTE－Advanced 的入围，包含 TDD 和 FDD 两种制式，其中 TD－SCDMA 将能够进化到 TDD 制式，而 WCDMA 网络能够进化到 FDD 制式。移动主导的 TD－SCDMA 网络期望能够绕过 HSPA＋网络而直接进入到 LTE。

3. WiMax

WiMax（worldwide interoperability for microwave access），即全球微波互联接入，WiMax 的另一个名字是 IEEE 802.16。WiMax 的技术起点较高，WiMax 所能提供的最高接入速度是 70 M，这个速度是 3G 所能提供的宽带速度的 30 倍。对无线网络来说，这的确是一个惊人的进步。WiMax 逐步实现宽带业务的移动化，而 3G 则实现移动业务的宽带化，两种网络的融合程度会越来越高，这也是未来移动世界和固定网络的融合趋势。

802.16 工作的频段采用的是无需授权频段，范围在 2～66 GHz，而 802.16a 则是一种采用 2～11 GHz 无需授权频段的宽带无线接入系统，其频道带宽可根据需求在 1.5～20 MHz 进行调整，目前具有更好高速移动下无缝切换的 IEEE 802.16m 的技术正在研发。因此，802.16 所使用的频谱可能比其他任何无线技术更丰富，WiMax 具有以下优点：对于已知的干扰，窄的信道带宽有利于避开干扰，而且有利于节省频谱资源；灵活的带宽调整能力，有利于运营商或用户协调频谱资源；WiMax 所能实现的 50 km 的无线信号传输距离是无线局域网所不能比拟的，网络覆盖面积是 3G 发射塔的 10 倍，只要少数基站建设就能实现全域覆盖，能够使无线网络的覆盖面积大大提升。

WiMax 网络在网络覆盖面积和网络的带宽上优势巨大，但是其移动性却有着先天的缺陷，无法满足高速(≥50km/h)下的网络的无缝链接，从这个意义上讲，WiMax 还无法达到 3G 网络的水平，严格地说并不能算作移动通信技术，而仅仅是无线局域网的技术。但是 WiMax 的希望在于 IEEE 802.11m 技术上，将能够有效地解决这些问题，也正是因为有中国移动、英特尔、Sprint 各大厂商的积极参与，WiMax 成为呼声仅次于 LTE 的 4G 网络手机。关于 IEEE 802.16m 这一技术，我们将留在最后作详细的阐述。

(六)我国 4G 的发展前景

目前，全球范围内许多国家和地区都在加紧对 4G 的研究。我国早在 2001 年，国家 863 计划启动了面向 B3G/4G 的移动通信发展研究计划(简称 FuTURE 计划)。而新技术的引用和效能的提高也将为 4G 带来更为广阔的应用领域和市场，而 4G 也可以有绝对的优势创造市场：网络频谱更宽；通信更加灵活；智能性更高；兼容性能更平滑；可以实现更高质量的多媒体通信；频率使用效率更高；通信费用更便宜。目前世界上发达国家都正在积极进行第四代移动通信技术规格的研究制定工作，以期在全球第四代移动通信规格制定中享有发言权。为此，我们有必要在大力开发第三代移动通信技术系统的同时，提前做好准备，积极参与 ITU 关于第四代移动通信标准建议的研究，掌握世界移动通信技术的研究动向和最新成果，加强国际合作，关注并积极进行第四代移动通信技术的研究与开发工作，把第四代移动通信的研发与建立我国移动通信产业结合起来，加快我国移动通信产业的发展，使我国的移动通信产业在国内外拥有强大的市场。

三、5G 发展的新特点

5G 研究在推进技术变革的同时将更加注重用户体验，网络平均吞吐速率、传输时延，以及对虚拟现实、3D、交互式游戏等新兴移动业务的支撑能力等将成为衡量 5G 系统性能的关键指标；与传统的移动通信系统理念不同，5G 系统研究将不仅把点到点的物理层传输与信道编译码等经典技术作为核心目标，而是从更为广泛的多点、多用户、多天线、多小区协作组网作为突破的重点，力求在体系构架上寻求系统性能的大幅度提高；室内移动通信业务已占据应用的主导地位，5G 室内无线覆盖性能及业务支撑能力将作为系统优先设计目标，从而改变传统移动通信系统“以大范围覆盖为主、兼顾室内”的设计理念；高频段频谱资源将更多地应用于 5G 移动通信系统，但由于受到高频段无线电波穿透能力的限制，无线与有线的融合、光载无线组网等技术将被更为普遍地应用；可“软”配置的 5G 无线网络将成为未来的重要研究方向，运营商可根据业务流量的动态变化实时调整网络资源。

（一）5G 技术的特征

1. 数据流量增长 1000 倍

业界预测 10 年以后，全球移动数据流量将成为 2010 年流量的 1000 倍。因此，5G 单位面积的吞吐能力，尤其忙碌状态下吞吐能力也要求提升 1000 倍，使吞吐量至少达到 100 $Gb/(s \cdot km^2)$以上。

2. 联网设备数目扩大 100 倍

随着物联网和智能终端的快速发展，预计 2020 年后，联网的设备数目将达到 500 亿～1000 亿部。未来的 5G 网络单位覆盖面积内支持的设备数目也将大大增加，相当于目前的 4G 网络增长 100 倍，一些特殊方面的应用上，单位面积内通过 5G 联网的设备数目将达到 100 万个/km^2。

3. 峰值速率至少 10Gb/s

面向 2020 年的 5G 网络，相对于 4G 网络，其峰值速率需要提升 10 倍，即达到 10 Gb/s 的速率，特殊场景下，用户的单链路速率要求达到 10 Gb/s。

4. 用户可获得速率达到10Mb/s，特殊用户需求达到100 Mb/s

未来5G网络，在绝大多数的条件下，任何用户一般都能够获得10 Mb/s以上的速率，对于一些有特殊需求的业务，如急救车内高清医疗图像传输服务等将获得高达100 Mb/s的速率。

5. 时延短和可靠性高

2020年的5G网络，要满足用户随时随地地在线体验服务，并满足诸如应急通信、工业信息系统等更多高价值场景的需求。因此，要求进一步控制和降低用户的时延，相当于时延比4G网络要降低5～10倍。对于关系人类生命、重大财产安全的业务，端到端服务可靠性也需提升到99.999%以上。

6. 频谱利用率高

由于5G网络的用户规模大、业务量多、流量高，对频率的需求量大，要通过应用演进及频率倍增或压缩等创新技术来提升频率利用率。相对于4G网络，5G的平均频谱效率需要5～10倍的提升，才能解决大流量带来的频谱资源短缺问题。

7. 网络耗能低

低碳环保、节资省能是未来通信技术的发展趋势，未来的5G网络，充分利用端到端的节能设计，使网络综合能耗效率提高1000倍，相应得满足1000倍流量的要求，但能耗要与现有网络保持相当的水平。

(二)5G的关键技术

1. 大规模MIMO技术

大规模MIMO带来的好处主要体现在以下几个方面：大规模MIMO的空间分辨率与现有MIMO相比，得到显著增强，能够对空间维度资源进行深度挖掘，使得网络中的多个用户可以在同一时频资源上利用大规模MIMO提供的空间自由度与基站同时建立通信，从而在不需要增加基站密度和带宽的条件下大幅度提高频谱效率；大规模 MIMO 可将波束集中在很窄的范围内，从而大幅度降低干扰；大规模 MIMO 可大幅降低发射功率，从而提高功率效率；当天线数量足够大时，大规模 MIMO 带来的最简单的线性预编码和线性检测器趋于最优，并且噪声和不相关干扰都可忽略不计。

2. 基于滤波器组的多载波技术

OFDM 存在以下不足：需要插入循环前缀才能对抗多径衰落，从而导致无线资源的浪费；对载波频偏的敏感性高，具有较高的峰均比；各子载波必须具有相同的带宽，各子载波之间必须保持同步，各子载波之间必须保持正交等，限制了频谱使用的灵活性。此外，由于 OFDM 技术采用了方波作为基带波形，载波旁瓣较大，从而在不能严格保证各载波同步的情况下使得相邻载波间出现较为严重的干扰。在 5G 系统中，出于对支撑高数据速率的需要，将可能需要高达 1 GHz 的带宽。但在某些较低的频段，难以获得连续的宽带频谱资源，而且在这些频段中，某些无线传输系统，如电视系统中，仍会存在一些未被使用的频谱资源(空白频谱)。但是，这些空白频谱的位置可能是不连续的，并且可用的带宽也不一定相同，采用 OFDM 技术也难以实现对这些可用频谱的有效使用。灵活有效地利用这些空白的频谱，是设计 5G 系统需要解决的一个重要问题。

基于滤波器组的多载波(filter-bank based multicarrier，FBMC)实现方案被认为是解决以上问题的有效手段。FBMC 与 OFDM 技术不同，由于原型滤波器的冲击响应和频率响应可以根据需要进行设计，各载波之间不再必须是正交的，不需要插入循环前缀；能实现各子载波带宽的设置及对各子载波间交叠程度的灵活控制，从而可灵活控制相邻子载波之间的干扰，并且便于使用一些零散的频谱资源；各子载波之间不需要同步，同步、信道估计和检测等可在各子载波上单独进行处理，因此，尤其适合用于难以实现各用户之间严格同步的上行链路。但另外一方面，由于各载波之间相互不正交，子载波之间存在干扰；采用非矩形波形，导致符号之间存在时域干扰，需要采用一些其他技术来消除干扰。

第五节　设施农业物联网系统应用

伴随着国人生活水平的提高，人们对农产品要求的提高也与日俱增，因此设施农业的发展就上升到一定的高度。在实现高产、高效、优质、无污染等方面，设施农业技术的发展可有效解决这些问题。近年来，我国以塑料大棚和日光温室为主体的设施农业迅速发展，但仍存在生产水平和效益低下、科技含量低、劳动强度大等问题，因此设施农业的技术改进迫在眉睫。设施农业可以有效地提高土地的使用效率，因此在我国得到快速发展。物联网和设施农业的融合，也使设施农业的发展迎来了春天，物联网在信息的感知、互联、互通等方面有着极大的优势，因此可有效实现设施农业的智能化发展。本节主要介绍设施农业物联网的监控系统、功能、病虫害预测预警系统，以及在重要领域的应用，以便读者对设施农业物联网有一个全面的认知。

一、设施农业的概述

（一）设施农业的介绍

设施农业是一种新型的农业生产方式，主要通过借助温室及相关配套装置来适时调节和控制作物生产环境条件。设施农业融合特定功能的工程装备技术、管理技术及生物信息技术等，用来控制作物局部生产环境，为农、林、牧、副、渔等领域提供相对可控的环境条件，如温湿度、光照等环境条件。智能控制相较于人工控制的最大好处是可维持相对稳定的局部环境，减少因自然因素造成的农业生产损失。设施农业因其采用了大量的传感器如温湿度、光照等传感器、摄像头、控制器等，加之又融合3G网络技术，使得设施农业智能化程度飞速提升，在保证作业质量的前提下有效地提高了工作效率。

传感器，作为设施农业物联网技术中的关键一环，常见的如温湿度、光照、压敏、CO_2、pH值等传感器在设施农业中可对作物生长环境及生长状态等进行有效监测。其实物见图2-16。

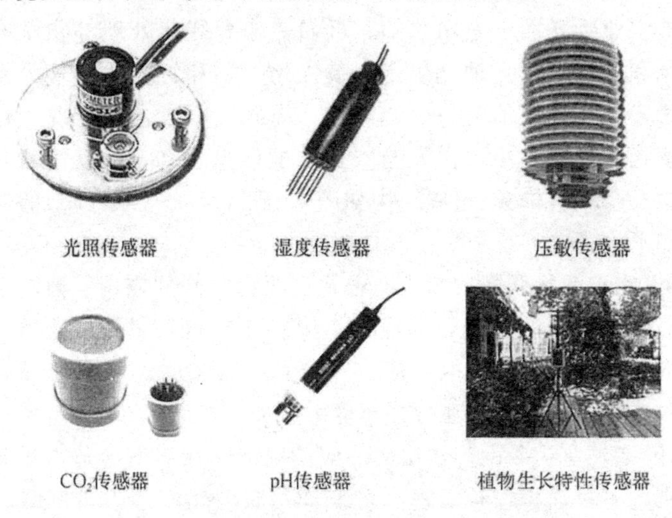

图2-16　农业物联网常用传感器

（二）设施农业物联网技术发展的背景

设施农业因其可提高单位面积土地使用率等突出成效而得到较快发展。设施农业是一个相对可以调节的人工环境，棚内环境对作物的生产影响很大，大量的农民开始从事设施农业如果对调节这种环境的意识不足，而作业又很粗放，我们推广队伍的专家数量有限，农民遇到技术问题的时候不能够快速地得到充分的服务，这也是亟待解决的问题。对于外界的气象条件发生突变，尤其是在北方地区，如果在夜间发生大降温、下雪等，可能会造成不可挽救的损失。所以设施农业物联网应用系统的诞生将把温室的温度、湿度、光度等参数通过手机的无线通信传输到互联网的平台上来，互联网的平台可以监测大量温室，数据会显示发生异常的温室，这个系统会立刻自动地以短信的形式发到农户的手机上，对异常情况提出预警，以便进一步采取措施。这就是设施农业物联网应用系统的产生背景。

二、设施农业物联网监控系统

设施农业物联网以全面感知、可靠传输和智能处理等物联网技术为支撑和手段，以自动化生产、最优化控制和智能化管理为主要生产方式，是一种高产、高效、低耗、优质、生态、安全现代化农业发展模式与形态，主要由设施农业环境信息感知、信息传输和信息处理这三个环节构成(组成结构如图 2-17 所示)。各个环节的功能和作用如下。

(1)设施农业物联网感知层。设施农业物联网的应用一般对温室生产的 7 个指标进行监测，即通过土壤、气象和光照等传感器，实现对温室的温、水、肥、电、热、气和光进行实时调控与记录，保证温室内有机蔬菜和花卉在良好环境中生长。

(2)设施农业物联网传输层。一般情况下，在温室内部通过无线终端，实现实时远程监控温室环境和作物长势情况。手机网络或短信是一种常见的获取大田传感器所采集信息的方式。

(3)设施农业物联网智能处理层。通过对获取的信息的共享、交换、融合，获得最优和全方位的准确数据信息，实现对设施农业生产过程的决策管理和指导。结合经验知识，并基于作物长势和病虫害等相关图形图像处理技术，实现对设施农业作物的长势预测和病虫害监测与预警功能。各温室的局部环境状况可通过监控信息输送到信息处理平台，这样可有效实现室内环境的可知可控。

三、设施农业物联网应用系统的功能

(一)设施农业物联网应用系统的便捷功能

农户可以随时随地通过自己的手机或者计算机访问到这个平台，

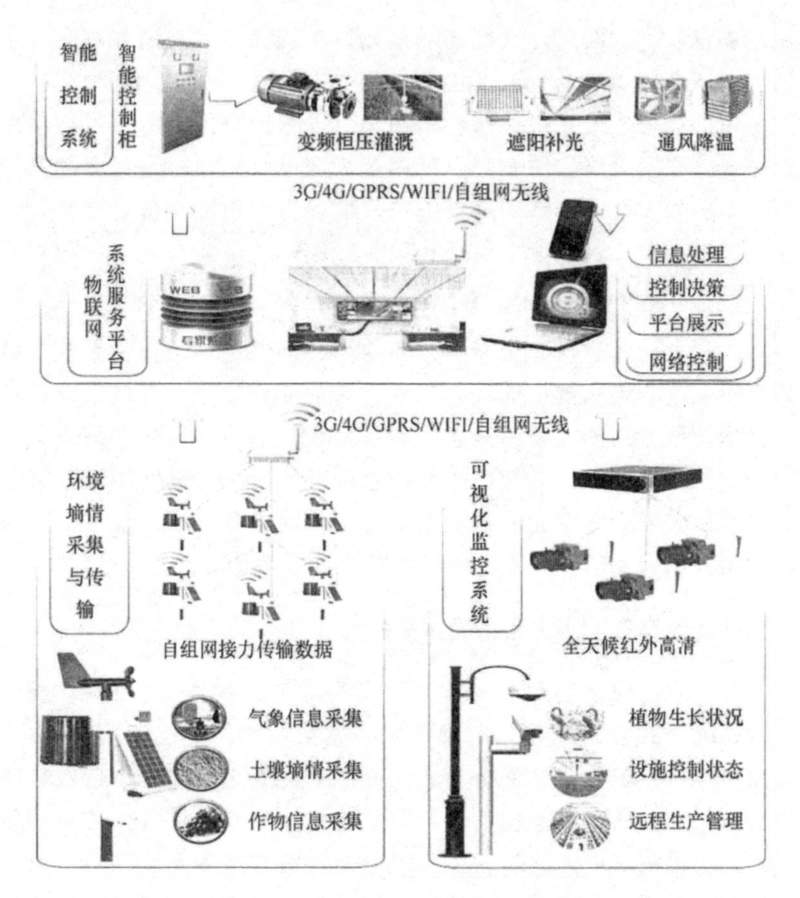

图 2-17　设施农业物联网监控系统

可以看到自己家温室的温度和湿度及各项数据。这样农户就不用随时担心温室的温度、湿度、水分等。

（二）设施农业物联网应用系统的远程控制功能

远程控制功能，对于一些相对大的温室种植基地，都会有电动卷帘和排风机等，如果温室里有这样的设备就可以自动地进行控制。例如，当室外温度低于 15℃时温室设备就会自动监测到，这时就会控制卷帘放下，设定好这样的程序之后系统会自动控制卷帘，并不需农户亲自到温室进行操作，极大地方便了农户对温室进行管理。在温室的设备上设置摄像头，摄像头可以帮助农民与专家进行诊断对接，这样既可以方便农户咨询问题，也可以让专家为更多的农户服务。例如，发生特殊病虫害，农户可以将其拍下来告诉专家，专家再来提供服务，流程非常简单且易于操作。

（三）设施农业物联网应用系统的查询功能

农户可以通过查询功能随时随地用移动设备登录查询系统，可以查看温室的历史温度曲线，以及设备的操作过程。查询系统还有查询增值服务功能，如当地惠农政策、全国的行情、供求信息、专家通道等，实现有针对性的综合信息服务。历史温湿度曲线规律出现异常的时候，它会立刻得到报警，报警功能需要预先设定适合条件的上限值和下限值，超过限定值后，就会有报警响应。

四、设施农业病虫害预测预警系统

设施农业病虫害预测预警系统可有效解决病虫害的预报数据，并及时发布预处理结果，实现病虫害发生前期、中期的预警分析、病虫害蔓延范围时空叠加分析；大棚对周边地区病虫害疫情进行防控预案管理、捕杀方案辅助决策、防控指令与虫情信息上传下达等功能，为设施病虫害联防联控提供分析决策和指挥调度平台。因此系统包括以下 4 个部分：病虫害实时数据采集模块、病虫害预测预报监控与发布模块、各区县重大疫情监测点数据采集与防控联动模块、病虫害联防联控指挥决策模块，具体如图 2-18 所示。

(1)病虫害实时数据采集模块：主要是实时采集各基地的病虫害信息数据，并在数据库中存储，为后续的疫情监测提供服务。

(2)病虫害预测预报监控与发布模块：将上述采集的数据进行统计分析，发布并及时显示分析结果及解决方案，方便相关人员进行浏览和查询病虫害相关信息。

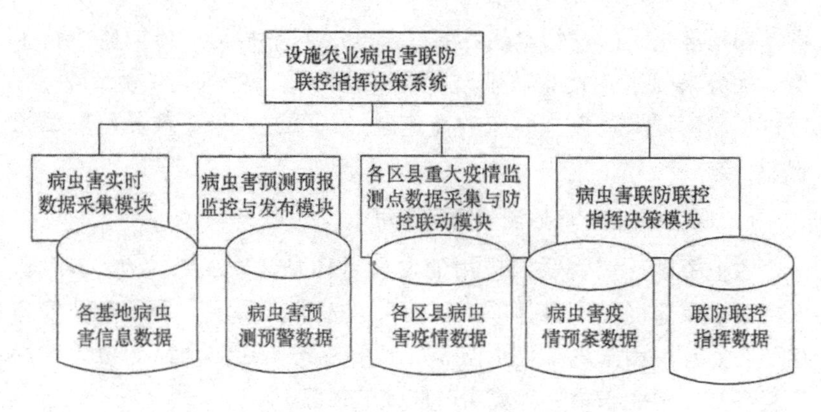

图 2-18 设施农业病虫害联防联控指挥决策系统

(3)各区县重大疫情监测点数据采集与防控联动模块：负责实现上级控制中心与各区县现有重大疫情监测点系统的联网，实现数据的实时采集，实现上级防控指挥命令和文件的下达，实现各区县联防联控的进展交流和上级汇报。

(4)病虫害联防联控指挥决策模块：综合以上各环节信息，发布指挥决策，包括病虫害联防联控预案制定、远程防控会商决策、防控方案制定与下发、远程防控指挥命令实时下达、疫情防控情况汇报与汇总及监控区域的联防联控指挥及决策。

五、设施农业物联网重点应用领域

(一)设施种植领域物联网应用

设施种植领域物联网应用的发展目标是实现农作物生长过程信息的感知、采集、输送、存储、处理等系列过程的集约、精细和智能化。同时，以优质、高产、高效、可持续发展为宗旨，融合信息采集技术、实时监控技术等系列技术来实现设施作物生长过程的控制。

(二)设施养殖领域物联网应用

设施养殖领域物联网应用的发展目标是实现养殖过程的智能、

自动和精准化。通过物联网在系统架构、网络结构、智能监控技术上的优势来促进现代畜牧业规模化、集约化、信息化的生产特点。通过物联网技术及设施养殖的高速融合，可进一步实现养殖环境的智能控制。

（三）农业资源环境监测物联网应用

农业资源环境物联网应用的发展目标是建立农产品生长环境、农产品品质监测等溯源体系。在相关技术的支持下，通过对动植物生长自然环境因子的监测、分析、预警等来实现农产品产地关键性环境参数的智能采集、环境实时监控与跟踪。

（四）农产品加工质量安全物联网应用

农产品加工质量安全物联网应用的发展目标是建立农产品电子溯源标准化体系。通过系列设备、相关技术支持，通过对农产品生长、加工中心区的环境的监测，来建立实时高效快捷的农产品监控系统，以保证农产品从产地到餐桌的安全卫生。

（五）农村信息智能化推送服务物联网应用

农村信息智能化推送服务物联网应用的发展目标是融合各方资源，在物联网等平台的支撑下，服务“三农”。同时应用相关技术手段，开展农村现代远程教育等信息咨询和知识服务，推广相应科技成果。

（六）开发应用综合智能管理系统

开发应用综合智能管理系统的发展目标是综合应用物联网的自主组网技术、宽带传输技术、云服务技术、远程视频技术等，将示范区域内各类智能化应用子系统集成于一个综合平台，实现远程实时展示、监控与统一管理。

第六节　果园农业物联网系统应用

果园农业物联网是农业物联网非常重要的一大应用领域，其采用先进传感技术、果园信息智能处理技术和无线网络数据传输技术，通过对果园种植环境信息的测量、传输和处理，实现对果园种植环境信息的实时在线监测和智能控制。这种果园种植的现代化发展，大大减轻了果园管理人员的劳动量，而且可以实现果园种植的高产、优质、健康和生态。

一、概述

我国是一个传统的农业大国，果树的种植区域分布广泛，环境因素各不相同，且存在环境的不确定性。传统的果树种植业一般是靠果农的经验来管理的，无法对果树生长过程中的各种环境信息进行精确检测，而且果树种植具有较强的区域性，在不进行有效的环境因子测量的情况下，果树生长的统一集中管理难以进行。

随着现代传感器技术、智能传输技术和计算机技术的快速发展，果园的土壤水分、温度和营养信息将会快速准确地传递给人们，同时经过计算机的处理，以指导实际管理果园的生产过程。

因此，在果园信息管理中引入物联网技术，将帮助我们提高该果园的信息化水平和智能化程度，最终形成优质、高效、高产的果园生产管理模式。

二、果园种植物联网总体结构

果园种植物联网按照三层框架的规划，按照智能化建设的标准流程，结合“种植业标准化生产”的要求，果园物联网总体结构可以分为果园物联网感知层、传输层、物联网服务层和物联网应用层。图 2-19 为果园种植物联网总体结构。

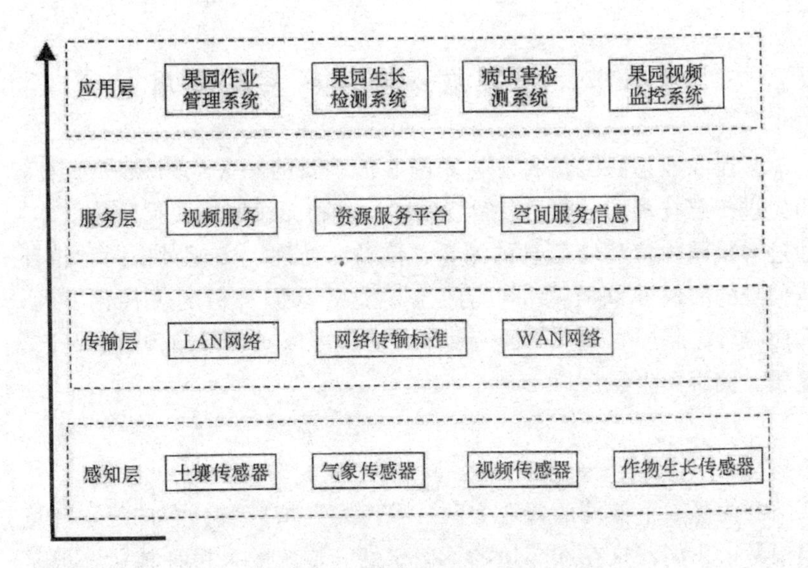

图 2-19 果园种植物联网总体结构

感知层主要由土壤传感器、气象传感器、作物生长传感器和果园食品监控传感器等组成。上述设备能够帮助我们采集果园的生态环境、作物生长信息和病虫害信息。

传输层包括网络传输标准、LAN 网络、WAN 网络和一些基本的通信设备，通过这些设备可以实现果园信息的可靠和安全传输。

服务层主要有传感服务、视频服务、资源管理服务和其他服务，使用户实时获取想要的信息。

应用层包括果园作业管理系统、果树生长检测系统、病虫害检测系统和果园视频监控系统等应用系统，用户可以应用这些设备来更好地管理果园。

三、果园环境监测系统

果园环境监测系统主要实现土壤、温度、气象和水质等信息自动测量和远程通信。监测站采用低功耗、一体化设计，利用太阳能供电，具有良好的果园环境适应能力。果园农业物联网中心基础平台上，遵循物联网服务标准，开发专业果园生态环境监测应用软件，给果园管理人员、农机服务人员、灌溉调度人员和政府领导等不同用户，提供天气预报式的果园环境信息预报服务和环境在线监管与评价服务。

果园环境数据采集主要包含两个部分：视频信息的数据采集和环境因子的数据采集。主要构成部分有气象数据采集系统，土壤墒情检测系统，视频监控系统和数据传输系统，可以实现果园环境信息的远程监测和远距离数据传输。

土壤墒情监测系统主要包括土壤水分传感器、土壤温度传感器等，是用来采集土壤信息的传感器系统。气象信息采集系统包括光照强度传感器、降雨量传感器、风速传感器和空气湿度传感器，主要用于采集各种气象因子信息。视频监控系统是利用摄像头或者红外传感器来监控果园的实时发展状况。

数据传输系统主要由无线传感器网络和远程数据传输两个模块构成，该系统的无线传感网络覆盖整个果园面积，把分散数据汇集到一起，并利用 GPRS 网络将收集到的数据传输到数据库。图 2-20 为果园环境监测系统示意图。

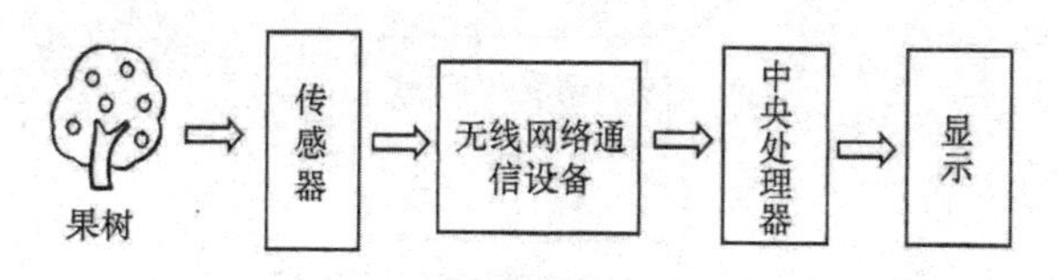

图 2-20　果园环境监测系统示意图

四、果园害虫预警系统

农业病虫害是果树减产的重要因素之一，科学地监测、预测并进行事先的预防和控制，对作物增收意义重大。

传统的果园环境信息监控一般是靠果农的经验来收集和判断，

但是果农的经验并不都一样丰富，因而不是每一个果农都能准确地预测果园的环境信息，从而造成误判或者延误，使果园造成不必要的损失。基于此开发一种果园害虫预警系统显得尤为重要。

基于物联网的果园害虫预警系统主要包含视频采集模块、无线网络传输系统及数据管理与控制系统三个组成部分，可以实时对果园的环境进行监控，并对监控视频进行分析，一旦发现害虫且达到一定程度时立即触发报警系统，从而使果园管理人员及时发现害虫，并且快速给出病虫诊断信息，准确地做出应对虫害的措施，避免果园遭受经济损失。

视频采集模块由红外摄像探头传感器、摄像探头传感器和视频编码器组成。为适应系统运行环境和便于建成后的管理，设计时采用了无线移动通信，通过 GPRS 模块来完成远程数据的传输。数据管理和控制系统主要由计算机完成。图 2-21 为果园害虫预警系统结构示意图。

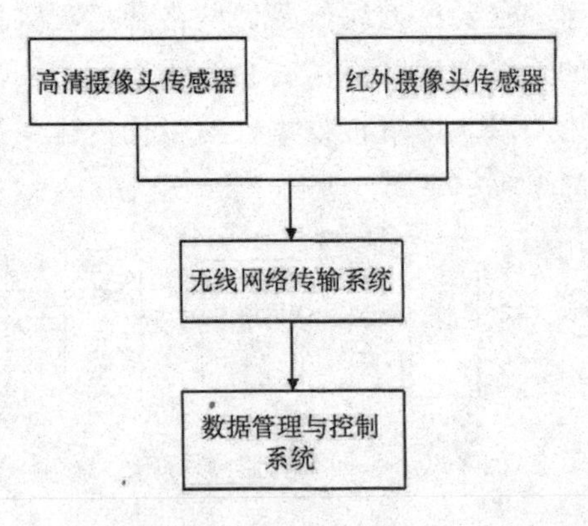

图 2-21　果园害虫预警系统结构示意图

五、果园土壤水分和养分检测系统

果园土壤的水分和养分的好坏直接关系到果园生产能力的大小，

因此必须要建立果园水分和养分的检测系统。我们将物联网技术应用于果园土壤水分和养分含量的检测，辅以土壤情况做出的实时专家决策，就可以用以指导果树的实际种植生产过程。

根据物联网分层的设计思想，同样应用于果园土壤水分与养分的检测中，即包括感知层、网络传输层、信息处理与服务层和应用层。

感知层的主要作用是采集果园土壤水分和温度、空气温度和湿度及土壤养分的信息。网络传输层主要包含果园现场无线传感器网络和连接互联网的数据传输设备。其中数据传输设备又分为短距离无线通信部分和远距离无线通信部分。果园内的短距离数据传输技术主要依靠自组织网技术和 ZigBee 无线通信技术来实现。长距离传输则依靠 GPRS 通信技术来实现。信息处理与服务层由硬件和软件两个部分组成。硬件部分利用计算机集群控制和局域网技术；软件则包含传感网络监测实施数据库、标准数据样本库、果园生产情况数据库、GIS 空间数据库和气象资料库。这些数据为应用层提供信息服务。

应用层是基于果园物联网的一体化信息平台，运行的软件系统包括基于 WEB 与 GIS 的监测数据查询分析系统、传感网络系统及果园施肥施药管理系统。

第七节　畜禽水产养殖物联网系统应用

一、畜禽农业物联网系统应用

物联网技术是指采用先进传感技术、智能传输技术和信息处理技术，实现对事物的实时在线监测和智能控制。近年来，畜禽业也开始引进物联网技术，通过对畜禽养殖环境信息的智能感知，快速安全传输和智能处理，人们可以实时了解畜禽养殖环境内的信息，并且在计算机的帮助下，实现畜禽养殖环境信息实时监控，精细投喂，畜禽个体状况监测、疾病诊断和预警、育种繁殖管理。畜禽养殖物联网为畜禽营造相对独立的养殖环境，彻底摆脱传统养殖业对管理人员的高度依赖，最终实现集约、高产、高效、优质、健康、生态和安全的畜禽养殖。

（一）概述

我国的畜禽养殖产量位居世界第一。随着国家经济的发展、人民生活水平的不断提高，畜禽产品的消费量也在快速增长。畜禽养殖业的规模不断扩大，吸引了大量农村剩余劳动力，增加了农民的经济收入，畜禽养殖在农业总产值中所占比例越来越大。

现代畜禽养殖是一种高投入、高产出、高效益的集约化产业，资本密集型和劳动集约化是其基本特征。与发达国家相比，我国畜禽养殖的集约化主要表现为劳动集约化，目前已随着经济的发展，劳动集约化已经开始向资本集约化方向过渡。但是，这种集约化的产业也耗费了大量的人力和自然资源，并在某种程度上对环境造成了负面影响。通过使用物联网可以合理地利用资源，有效降低资源消耗，减少对环境的污染，建成优质、高效的畜禽养殖模式。畜禽养殖物联网在养殖业各环节上的应用大致有以下几个方面。

1. 养殖环境智能化监控

通过智能传感器实时采集养殖场的温度、湿度、光照强度、气压、粉尘弥漫度和有害气体浓度等环境信息，并将这些信息通过无线或有线传输到远程服务器，依据服务器端模型做出的决策去驱动养殖场，关环境控制设备，实现畜禽养殖场环境的智能管理。这可以减少人员进出车间频率，杜绝疾病的传播，提高畜禽防疫能力，保障安全生产，实现生产效益最大化。

2. 实现精细饲料投喂

畜禽的营养研究和科学喂养的发展对畜禽养殖发展、节约资源、降低成本、减少污染和病害发生、保证畜禽食用安全具有重要的意义。精细喂养根据畜禽在各养殖阶段营养成分需求，借助养殖专家经验建立不同养殖品种的生长阶段与投喂率、投喂量间定量关系模型。利用物联网技术，获取畜禽精细饲养相关的环境和群体信息，建立畜禽精细投喂决策系统。

3. 全程监控动物繁育

在畜禽生产中，采用信息化技术通过提高公畜和母畜繁殖效率，可以减少繁殖家畜饲养量，进而降低生产成本和饲料、饲草资源占用量。因此，以动物繁育知识为基础，利用传感器、RFID 等感知技术对公畜和母畜的发情进行监测，同时对配种和育种环境进行监控，为动物繁殖提供最适宜的环境，全方位地管理监控动物繁育是非常必要的。

4. 生产过程数字化管理

随着养殖规模的日益扩大，传统的纸卡方式记录畜禽个体日常信息的模式已经不再能满足生产的实际需求。依靠二维码与无线射频技术等物联网技术，可以实现基于移动终端的畜禽生长、繁殖、防疫、疾病、诊疗等生产信息的高效记录、查询与汇总，为高效生产提供了重要决策支持。

（二）畜禽农业物联网系统的架构

畜禽养殖物联网系统和一般的物联网结构相由感知层、传输层和应用层三个层次组成。通过集成畜禽养殖信息智能感知技术及设备、无线传输技术及设备、智能处理技术，实现畜禽养殖环境实时在线监测和控制。畜禽农业物联网系统总体框架如图 2-22 所示。

1. 感知层

作为畜禽农业物联网系统的“眼睛”，对畜禽养殖的环境进行探测、识别、定位、跟踪和监控。主要技术有：传感器技术、射频识别(RFID)技术、二维码技术、视频和图像技术等。采用传感器采集

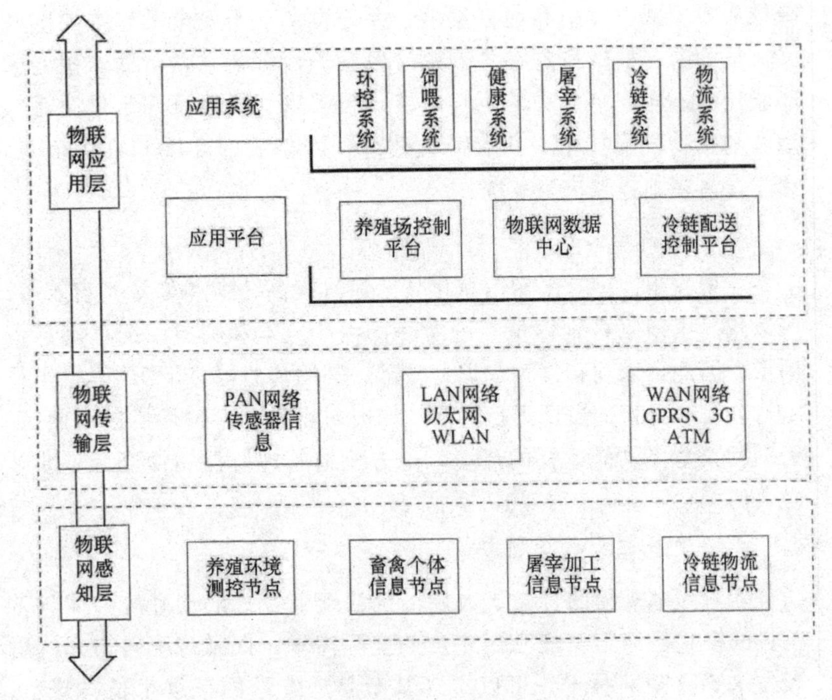

图 2-22　畜禽农业物联网系统总体框架

温度、湿度、光照、二氧化碳、氨气和硫化氢等畜禽养殖环境参数，采用 RFID 技术及二维码技术对畜禽个体进行自动识别，利用视频捕捉等实现多种养殖环境信息的捕捉。

2. 传输层

传输层完成感知层向应用层的信息传递。传输层的无线传感网络包括无线采集节点、无线路由节点、无线汇聚节点及网络管理系统，采用无线射频技术，实现现场局部范围内信息采集传输。远距离数据传输应用 GPRS 通信技术和 3G 通信技术。

3. 应用层

应用层分为公共处理平台和具体应用服务系统。公共处理平台包括各类中间件及公共核心处理技术，通过该平台实现信息技术与行业的深度结合，完成物品信息的共享、互通、决策、汇总、统计等，如实现畜禽养殖过程的智能控制、智能决策、诊断推理、预警和预测等核心功能。具体应用服务系统是基于物联网架构的农业生产过程架构模型的最高层，主要包括各类具体的农业生产过程系统，如畜禽养殖系统及产品物流系统等。通过应用上述系统，保证产前优化设计，确保资源利用率；产中精细管理，提高生产效率；产后高效流通，实现安全溯源等多个方面，促进产品的高产、优质、高效、生态、安全。

在以上架构基础上，根据实际需要，进行基于物联网的畜禽养殖环境控制系统的搭建与开发，并在畜禽养殖过程中进行具体应用检验。

（三）畜禽物联网养殖环境监控系统

设计与开发畜禽养殖环境控制系统，需要了解系统内各个环境要素之间的相互关系：当某个要素发生变化，系统能自动改变和调整相关参数，从而创造出合适的环境，以利于动物的生长和繁殖。

针对我国现有的畜禽养殖场缺乏有效信息监测技术和手段，养殖环境在线监测和控制水平低等问题，畜禽养殖环境监控系统采用物联网技术，实现对畜禽环境信息的实时在线监测和控制。

在具体设计与开发畜禽养殖环境控制系统过程中，将系统划分为畜禽养殖环境信息智能传感子系统、畜禽养殖环境信息自动传输子系统、畜禽养殖环境自动控制子系统和畜禽养殖环境智能监控管理平台 4 个部分。

1. 智能传感子系统

畜禽养殖环境信息智能传感子系统是整个畜禽养殖物联网系统最底层的设施，它主要用来感知畜禽养殖环境质量的优劣，如冬天畜禽需要保温，夏天需要降温，畜舍内通风不畅，温湿度、粉尘浓度、光照、二氧化碳、硫化氢和氨气等是否达到最佳指标。通过相应的专门的传感器来采集这些环境信息，将这些信息转变为电信号，以方便进行传输、存储、处理。它是实现自动检测和自动控制的首要环节。图 2-23 为畜禽环境信息采集结构示意图。

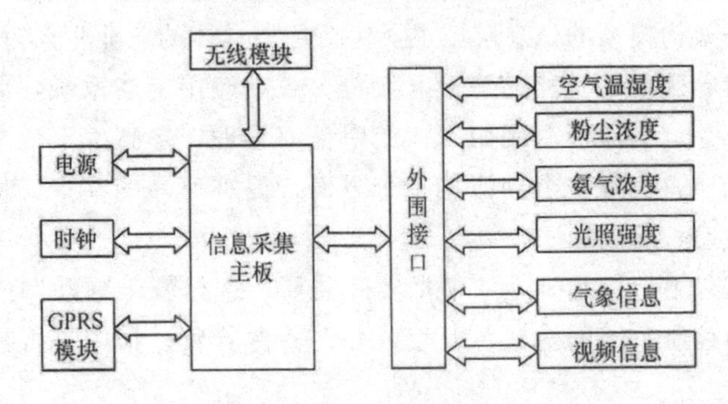

图 2-23　畜禽环境信息采集结构示意图

2. 自动传输子系统

畜禽养殖环境信息自动传输子系统通过有线和无线相结合的方式，将收集到的信息进行上传，即将上方的控制信息传递到下方接收设备。

目前，图像信息传输在畜禽养殖生产中也有着迫切的需求，它可以为病虫害预警、远程诊断和远程管理提供技术支撑。为有效保证图像、视频等信息传输的质量和实际应用效果，采用在圈舍内建设有线网络来配合视频监控传输，将视频数据发送到监控中心，可以实现远程查看圈舍内情况的实时视频，并可对圈舍指定区域进行图像抓拍、触发报警、定时录像等功能。

传输层实现采集信息的可靠传输。为增加信息传输的可靠性，传输层设计采用了多路径信息传输工作模式。传输节点是传输层的链本结构单元，点对点传输是信息传输的基本工作形式，多节点配合实现信息的多跳远程传输。根据传输节点基本功能，设计传输节点结构，如图 2-24 所示。

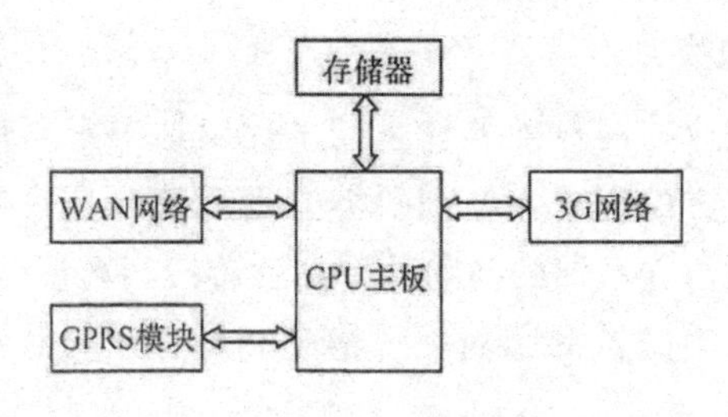

图 2-24　传输节点结构示意图

3. 自动控制子系统

控制层在分析采集信息的基础上，通过智能算法及专家系统完成畜禽养殖环境的智能控制。控制设备主要采用并联的方式接入主控制器，主控制器可以实现对控制设备的手动控制。根据畜舍内的传感器检测空气温度、湿度、二氧化碳、硫化氢和氨气等参数，对畜舍内的控制设备进行控制，实现畜舍环境参量获取和自动控制等功能。图 2-25 为畜禽养殖环境控制系统结构示意图。

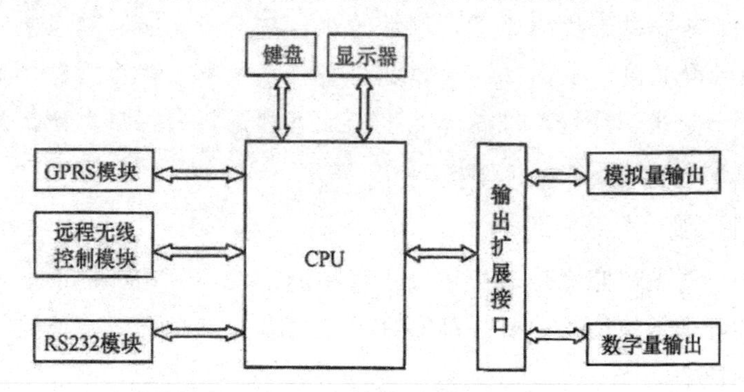

图 2-25　畜禽养殖环境控制系统结构示意图

（四）精细喂养管理系统

精细喂养根据动物在各生长阶段所需营养成分、含量，以及环境因素的不同来智能调控动物饲料的投喂，系统要实现的功能如下。

1. 饲料配方

我国养殖业的饲料配方计量技术比发达国家落后许多，不能满足畜禽饲料配方的需求，精细喂养管理系统就是借助物联网技术和养殖专家经验建立不同的动物品种在各阶段饲料成分、定量的模型，利用传感器采集的畜禽圈内环境信息和动物生长状态，建立畜禽精细投喂决策。

2. 饲料成分含量控制

根据不同动物建立饲料投喂模型，再结合动物实际生长情况，智能服务平台会科学计算出动物当天需要的进食量和投喂次数，并进行自动投喂，避免人工喂养造成的误差。

（五）动物繁育监控

智能化的动物繁育监控系统可以提高动物繁殖效率。畜禽育种繁育管理系统主要运用传感器技术、预测优化模型技术、射频识别技术，根据基因优化原理，科学监测母畜发情周期，实现精细投喂和数字化管理，从而提高种畜和母畜繁殖效率，缩短出栏周期，减少繁殖家畜饲养量，进而降低生产成本和饲料占用量。动物繁育智能监控的功能主要如下所述。

1. 母畜发情监控

母畜发情监测是母畜繁育过程中的重要环节，错过了最佳时间将会降低繁殖能力。要提高畜禽的繁殖率，首先要清楚地监测畜禽的发情期。

运用射频识别技术对母畜个体进行标识，通过视频传感器监测母畜行为状态，还可以通过温度传感器测量母畜体温状况。系统根据采集的数据分析、判断母畜发情信息。

2. 母畜配料智能管理

对于怀孕母畜以电子标签来识别，在群养环境里单独饲养，根据母畜精细投喂模型和实际个体情况来智能自动配料，从而有效控制母畜生长情况。

3. 种畜数据库管理

建立种畜信息数据库，其中包括种畜个体体况、繁殖能力和免疫情况。智能化的种畜数据库可以有效提高动物繁育的能力、幼仔的成活能力。

二、水产农业物联网系统应用

水产农业物联网是现代智慧农业的重要应用领域之一，它采用先进的传感网络、无线通信技术、智能信息处理技术，通过对水质环境信息的采集、传输、智能分析与控制，来调节水产养殖水域的环境质量，使养殖水质维持在一个健康的状态。物联网技术在水产养殖业中的应用，改变了我国传统的水产养殖方式，提高了生产效率，保障了食品安全，实现水产养殖业生产管理高效、生态、环保和可持续发展。

（一）概述

我国是水产养殖大国，同时又是一个水产弱国，因为目前我国水产养殖业主要沿用消耗大量资源和粗放式经营的传统方式。这一模式导致生态失衡和环境恶化的问题已日益显现，细菌、病毒等大量滋生和有害物质积累给水产养殖业带来了极大的风险和困难，粗放式养殖模式难以持续性发展，这一模式越强化，所带来的环境状况、养殖业的生产条件及经济效益等越差。

随着科技发展，我国的水产养殖已经从传统的粗放养殖逐步发展到工厂集约化养殖，环境对水产养殖的影响越来越大，对水产养殖环境监控系统的研究也越来越多。目前，水产养殖环境监控系统的研究主要集中在分布式计算机控制系统，但由于大多数养殖区分布范围较广、环境较为恶劣，有线方式组成的监督网络势必会产生很多问题，如价格昂贵、布线复杂、难以维护等，难以在养殖生产中大规模使用。无线智能监控系统不但可以实现对养殖环境的各种参数进行实时连续监测、分析和控制，而且减少了布线带来的一系列问题。

水产养殖环境智能监控通过实时在线监测水体温度、pH值、溶氧量（dissolved oxygen，DO）、盐度、浊度、氨氮、化学需氧量(chemical oxygen demand，COD)、生化需氧量(biochemical oxygen demand，BOD)等对水产品生长环境有重大影响的水质参数、太阳辐射、气压、雨量、风速、风向、空气温湿度等气象参数，在对所检测数据变化趋势及规律进行分析的基础上，实现对养殖水质环境参数预测预警，并根据预测预警结果，智能调控增氧机、循环泵等养殖设施，实现水质智能调控，为养殖对象创造适宜水体环境，保障养殖对象健康生长。

（二）水产农业物联网的总体架构

要实现水产养殖业的智能化，首先，必须保证养殖水域的水质质量，这就需要各种传感器来采集水质的参数；其次，采集到的信息要实时、可靠地传输回来，这就需要无线通信技术的支持；最后，利用传输的数据分析、决策和控制，这就需要计算机处理系统来完成。

根据以上所需的技术支持，水产农业物联网的结构和一般物联网的结构大致一样，即分为感知层、传输层和应用层三个层次。图2-26为水产农业物联网系统结构示意图。

1. 感知层

感知层由各种传感器组成，如温度、pH值、DO、盐度、浊度、氨氮、COD、BOD等传感器。这些传感单元直接面向现场，由必要的硬件组成SgBee无线传感网络，网络由传感器节点、簇头节点、汇聚节点及控制节点组成。

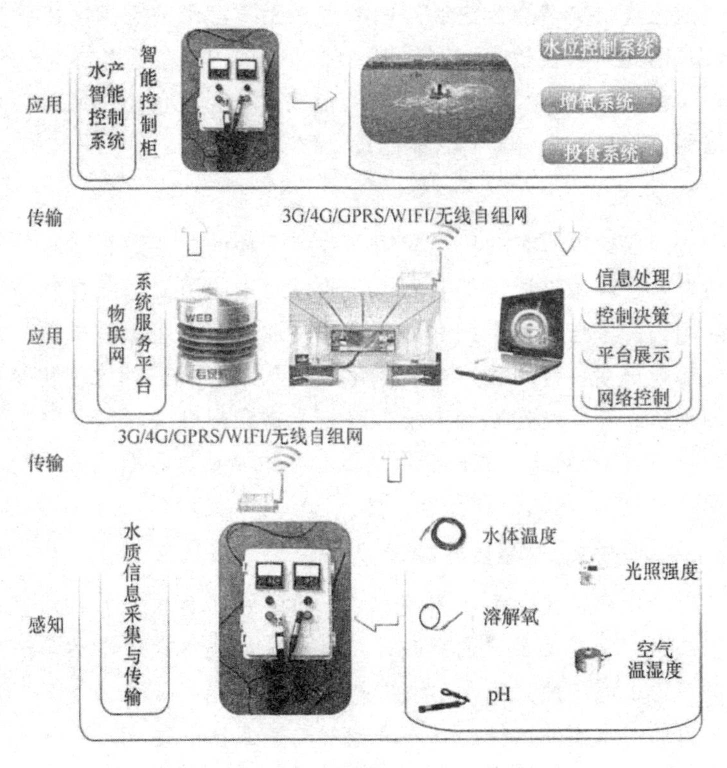

图 2-26　水产农业物联网系统结构示意图

采用簇状拓扑结构的无线传感网，对于大小相似、彼此相对独立的养殖池来说是较为合适的。通过设备商提供的接口函数，将每个鱼池中的若干传感器节点设置组成一个簇，并且设置一个固定的簇头。传感器节点只能与对应的簇头节点通信，不能与其他节点进行数据交换。簇头之间可以相互通信转发信息，各簇头通过单跳或多跳的方式完成与汇聚节点的数据通信，汇聚节点通过 RS232/485 总线与现场监控计算机进行有线数据通信。

2. 传输层

传输层完成感知层和数据层之间的通信。传输层的无线传感网络包括无线采集节点、无线路由节点、无线汇聚节点及网络管理系统，采用无线射频技术，实现现场局部范围内信息采集传输，远程数据采集采用3G、GPRS等移动通信技术，无线传感网络具有自动网络路由选择、自诊断和智能能量管理功能。

3. 应用层

应用层提供所有的信息应用和系统管理的业务逻辑。它分解业务请求，在应用支撑层的基础上，通过使用应用支撑层提供的工具和通用构件进行数据访问和处理，并将返回信息组织成所需的格式提供给客户端。应用层为水产养殖物联网应用系统(四大家鱼养殖物联网系统、虾养殖物联网系统、蟹养殖物联网等)提供统一的接口，为用户(包括养殖户、农民合作组织、养殖企业、农业相关职能部门等用户)提供系统入口和分析工具。

(三)水产养殖环境监测系统

在大规模现代化水产养殖中，水质的好坏对水产品的质量、效率、产量有着至关重要的影响。及时了解和调整水体参数，形成最佳的理想环境，使其适合动物的生长。

目前对水质的监控已初步完成对养殖水体的多个理化指标，如温度、盐度、溶解氧含量、pH值、氨氮含量、氧化还原电位、亚硝酸盐、硝酸盐等进行自动监测、报警，并对水位、增氧、投饵等养殖系统进行自动控制及水产工厂化养殖多环境因子的远程集散监控系统。

1. 环境监测系统结构

水产养殖水质在线监测系统由传感器、无线网络、计算机数据处理三个层次组成，系统总体结构如图2-27所示。最底层是数据采集节点，采用分布式结构，运用多路传感器采集温度、pH值、溶氧量、氨氮浓度和水位等养殖水体参数数据，并将采集到的数据转换成数字信号，通过ZigBee无线通信模块将数据上传；中间层是中继节点，中继节点负责接收数据采集节点上传的数据，并通过GPRS无线通信模块将数据上传至监控中心，管理人员对养殖区进行远程监测，减轻监控人员的劳动强度，使水产养殖走上智能化、科学化的轨道。

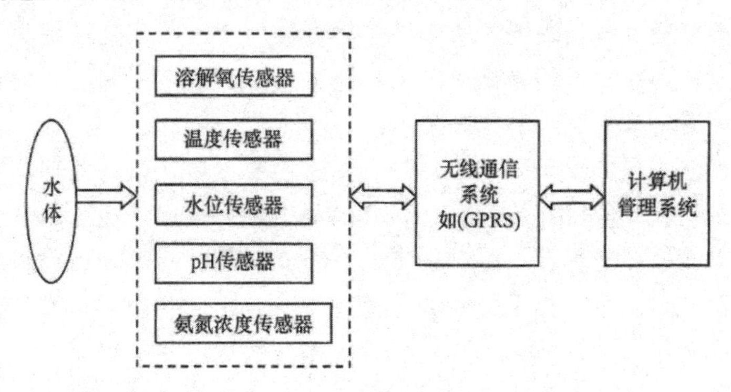

图2-27 水产养殖环境监测系统结构示意图

2. 智能水质传感器

智能传感器(intelligent sensor)是具有信息处理功能的传感器。智能传感器带有微处理机，具有采集、处理、交换信息的能力，是传感器集成化与微处理机相结合的产物。一般智能机器人的感觉系统由多个传感器集合而成，采集的信息需要计算机进行处理，而使用智能传感器就可将信息分散处理，从而降低成本。与一般传感器相比，智能传感器具有以下三个优点：通过软件技术可实现高精度的信息采集，而且成本低；具有一定的编程自动化能力；功能多样化。

3. 无线增氧控制器

无线增氧控制器是实现增氧控制的关键部分，它可以驱动叶轮式、水车式和微孔曝气空压机等多种增氧设备。

4. 无线通信系统

无线传感网络可实现2.4 GHz短距离通信和GPRS通信，现场无线覆盖范围 3 km；采用智能信息采集与控制技术，具有自动网络路由选择、自诊断和智能能量管理功能。

每个需要监测的水域内布置若干个数据采集节点和中继节点，数据采集节点上的多路传感器分别对所监测区域内的水体温度、pH值、溶氧量、氨氮浓度、水位等水体参数信息进行采集，采集到的数据被暂存在扩展的存储器中，数据采集节点的微控制器对数据进行处理后将其上传给中继节点。

中继节点接收到数据采集节点发送的数据后，通过处理器对数据进行校验，所得到的参数会在液晶屏上进行显示，现场的工作人员可以通过按键查看水体参数值。中继节点通过 GPRS 模块将水体参数数据转发至监控中心并响应监控中心发出的指令，完成与监控中心的通信。此外，中继节点会对水体参数进行阈值判断，一旦超出阈值，中继节点会发出现场报警信号，同时还会通过短信通知工作人员，提醒工作人员及时进行处理。

监控中心会对所有收到的数据进行再处理、分析、存储和输出等。工作人员可以在监控中心界面上手动修改系统参数，自行选择要查看的区域及参数类型。监控中心界面会显示数据曲线图，用户可以在即时数据和历史数据之间进行切换，所有的数据都可以以 Excel 格式输出到个人计算机，方便数据的转存和打印。

每个区域的数据采集节点和中继节点之间采用网状网络拓扑结构组建数据无线传输网络，当节点有入网请求时，网络会自动进行整个网络的重建。系统无故障时，数据采集节点和中继节点不会一直处于工作状态，系统会在一次数据传输结束后，设置它们进入休眠状态，定时唤醒。通过这种方式，能够降低电能损耗，延长电池工作时间。系统的每个节点都设有电源管理模块，可以监测电池电量。当电量低于阈值时，系统发出报警信号，提醒用户更换电池。数据采集节点、中继节点和监控中心构成一个有机整体，完成整个水产养殖区域内水质参数的在线监测。

（四）水产养殖精细投喂系统

饵料投喂方法的好坏对水产养殖非常重要，不当的投喂方法可能导致资源的浪费，而饵料过多是导致水质富营养化的重要原因，对养殖水域造成污染，带来不必要的经济损失。

精细喂养决策是根据各养殖品种长度与重量关系，通过分析光照度、水温、溶氧量、浊度、氨氮、养殖密度等因素与鱼饵料营养成分的吸收能力、饵料摄取量关系，建立养殖品种的生长阶段与投喂率、投喂量间定量关系模型，实现按需投喂，降低饵料损耗，节约成本。

（五）水产养殖疾病预防系统

随着我国工业化的不断发展，水污染已经成为困扰人们生存与发展的重要制约因素。水污染严重影响了水体的自我净化能力、水生物的生存状况、人们的健康，同时这也是导致动物疾病的“罪魁祸首”。其中有机污染物是引起水质污染的常见原因。

有机物污染是指以碳水化合物、蛋白质、氨基酸等形式出现的天然有机物质和能够进行生物分解的人工合成有机物质的污染物。其长期存在于环境中，对环境和人类健康具有消极影响。通常将有机污染物分为天然有机污染物及人工合成有机污染物。天然有机污染物主要是由生物体的代谢活动及化学过程产生的，主要有黄曲霉毒素、氨基甲酸乙酯、麦角、细辛脑和草蒿脑等。人工合成有机污染物主要由现代化学工业产生的，包括塑料、合成纤维、洗涤剂、燃料、溶剂和农药等。

利用专家调查方法，确定集约化养殖的主要影响因素为溶氧量、水温、盐度、氨氮、pH 值等水环境参数为准的预测预警。通过传感器采集的各参数信息，物联网应用层对数据进行分析，实时监测水环境，并以短消息的方式发送到养殖管理人员手机上，及时给予预警。

第八节　大田种植物联网应用

大田种植物联网是物联网技术在产前农田资源管理、产中农情监测和精细农业作业以及产后农机指挥调度等领域的具体应用。大田种植物联网通过实时信息采集，对农业生产过程进行及时的管控，建立优质、高产、高效的农业生产管理模式，以确保农产品在数量上的供给和品质上的保证。本章重点介绍了墒情气象监控系统、农田环境监测系统、施肥管理测土配方系统、大田作物病虫害诊断与预警系统、农机调度管理系统、精细作业系统，以期使读者对农业物联网大田种植业应用有个全面的认识。

一、概述

（一）我国大田种植业的物联网技术需求

我国种植业发展正处于从传统向现代化种植业过渡的进程当中，急需用现代物质条件进行装备，用现代科学技术进行改造，用现代经营形式去推进，用现代发展理念引领。因此，种植业物联网的快速发展，将会为我国种植业发展与世界同步提供一个国际领先的全新的平台，为传统种植业改造升级起到推动作用。

种植业生产环境是一个复杂系统，具有许多不确定性，对其信息的实时分析是一个难点。随着种植业规模的不断提高，通过互联网获取有用信息以及通过在线服务系统进行咨询是未来发展趋势；未来的计算机控制与管理系统是综合性、多方位的，温室环境监测与自动控制技术将朝多因素、多样化方向发展，集图形、声音、影视为一体的多媒体服务系统是未来计算机应用的热点。

随着传感技术、计算机技术和自动控制技术的不断发展，种植业信息技术的应用将由简单地以数据采集处理和监测，逐步转向以知识处理和应用为主。

神经网络、遗传算法、模糊推理等人工智能技术在种植业中得到不同程度的应用，以专家系统为代表的智能管理系统已取得了不少研究成果，种植业生产管理已逐步向定量、客观化方向发展。

（二）我国种植业物联网技术特点

大田种植物联网技术主要是指现代信息技术及物联网技术在产前农田资源管理，产中农情监测和精准农业作业中应用的过程。其主要包括以土地利用现状数据库为基础，应用3S技术快速准确掌握基本农田利用现状及变化情况的基本农田保护管理信息系统；自动检测农作物需水量，对灌溉的时间和水量进行控制，智能利用水资源的农田智能灌溉系统；实时观测土壤墒情，进行预测预警和远程控制，为大田农作物生长提供合适水环境的土壤墒情监测系统；采用测土配方技术，结合3S技术和专家系统技术，根据作物需肥规律、土壤供肥性能和肥料效应，测算肥料的施用数量、施肥时期和施用方法的测土配方施肥系统；采集、传输、分析和处理农田各类气象因子，远程控制和调节农田小气候的农田气象监测系统；根据农作物病虫害发生规律或观测得到的病虫害发生前兆，提前发出警示信号、制定防控措施的农作物病虫害预警系统。

大田种植业所涉及的种植区域多为野外区域，农业区域有如下两个最大的特点：第一，种植区面积广阔且地势平坦开阔，以这种类型区的典型代表东北平原大田种植区为代表。第二，由于种植区域幅员辽阔，造成种植区域内气候多变。农业种植区的上述两个重要特点直接决定了传统农业中农业生产信息传输的技术需求。由于种植区面积一般较为广阔，造成物联网平台需要监控的范围较大，且野外传输受到天气等因素的影响传输信号稳定性成为关键。而农业物联网监控数据采集的频率和连续性要求并不太高，因此远距离的低速数据可靠性传输成为一项需求技术。且由于传输距离较远，数据采集单元较多，采用有线传输的方式往往无法满足实际的业务需求，也不切合实际，因此一种远距离低速数据无线传输技术成为传统农业中农业信息传输需求的关键技术需求。

二、大田种植物联网总体框架

(一)种植业物联网应用平台体系架构

大田种植物联网按照三层架构的规划，依据信息化建设的标准流程，结合“种植业标准化生产”的要求，项目的内容主要分为种植业物联网感知层、种植业物联网传输层、种植业物联网服务平台和种植业物联网应用层内容，如图 2-28 所示。

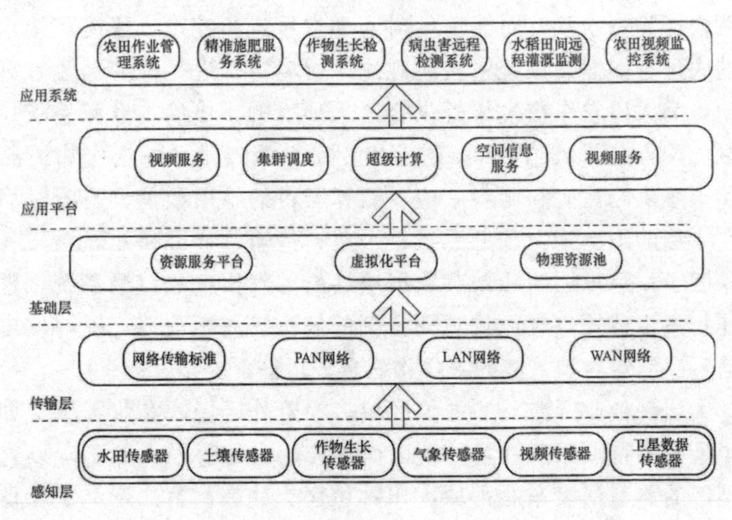

图 2-28

种植业物联网技术体系结构

①感知层主要包括农田生态环境传感器、土壤墒情传感器、气象传感器、作物长势传感器、农田视频监测传感器、灌溉传感器(水位、水流量)、田间移动数据采集终端等。重点实现对大田作物生长、土壤状态、气象状态和病虫害的信息进行采集。

②传输网络包括网络传输标准、PAN 网络、LAN 网络、WAN 网络。通过上述网络实现信息的可靠和安全传输。

③种植业物联网服务平台服务架构体系，主要分成三层架构：基础平台、服务平台、应用系统。

（二）种植业物联网服务平台服务体系架构

大田种植业物联网综合应用服务平台，为种植业物联网应用系统提供传感数据接入服务、空间数据、非空间数据访问服务；为应用系统提供开放的、方便易用、稳定的部署运行环境，适应种植业业务的弹性增长，降低部署的成本，为应用系统开发提供种植业生产基础知识、基础空间数据以及涉农专家知识模型；实现多类型终端的广泛接入。实现种植业物联网的数据高可用性共享、高可靠性交换、Web 服务的标准化访问，避免数据、信息、知识孤岛，方便用户统一管理、集中控制。

种植业物联网服务平台服务架构体系，主要分成三层架构：基础平台、服务平台、应用系统。

①基础平台物联网应用管理、种植业生产感知数据标准、种植业生产物联服务标准、种植业生产物联数据服务总线、种植业生产物联安全监控中心。

②服务平台传感服务、视频服务、遥感服务、专家服务、数据库管理服务、GIS 服务、超级计算服务、多媒体集群调度、其他服务。

③应用系统农作物种子质量检测产品应用、水稻工厂化育秧物联网技术应用、智能程控水稻芽种生产系统、智能程控工厂化育秧系统、便携式作物生产信息采集终端及管理系统、水稻田间远程灌溉监控系统、农田作业机械物联网管理系统、农田生态环境监测系统、农田作物生长及灾害视频监控系统、大田生产过程专家远程指导系统、农作物病虫害远程诊治系统、地块尺度精准施肥物联网系统、天地合一数据融合技术灾害监测系统、种植业生产应急指挥调度系统应用。

种植业物联网综合应用服务平台主要提供数据管理服务、基础中间件管理服务、资源服务等功能。

• 数据管理服务主要提供种植业物联网多源异构感知数据的统一接入、海量存储、高效检索和数据服务对外发布功能。

• 基础中间件管理服务主要提供空间数据处理与 GIS 服务能力，总线服务、业务流程编排运行环境，SOA 软件集成环境，认证、负载平衡等，并使跨越人、工作流、应用程序、系统、平台和体系结构的业务流程自动化，实现服务通信、集成、交互和路由。

• 资源服务主要解决用户统一集中的数据访问，种植业生产服务及服务集中注册、动态查找及访问功能，实现构件资源标准化描述、集中存储与共享，方便应用系统集成。

三、墒情监控系统

墒情监控系统建设主要含三大部分。一是建设墒情综合监测系统，建设大田墒情综合监测站，利用传感技术实时观测土壤水分、温度、地下水位、地下水质、作物长势、农田气象信息，并汇聚到信息服务中心，信息中心对各种信息进行分析处理，提供预测预警信息服务；二是灌溉控制系统，主要是利用智能控制技术，结合墒情监测的信息，对灌溉机井、渠系闸门等设备的远程控制和用水量的计量，提高灌溉自动化水平；三是构建大田种植墒情和用水管理信息服务系统，为大田农作物生长提供合适的水环境，在保障粮食产量的前提下节约水资源。系统包括：智能感知平台、无线传输平台、运维管理平台和应用平台。

墒情监控系统总体结构图：

墒情监控系统针对农业大田种植分布广、监测点多、布线和供电困难等特点，利用物联网技术，采用高精度土壤温湿度传感器和智能气象站，远程在线采集土壤墒情、气象信息，实现墒情(旱情)自动预报、灌溉用水量智能决策、远程/自动控制灌溉设备等功能。该系统根据不同地域的土壤类型、灌溉水源、灌溉方式、种植作物等划分不同类型区，在不同类型区内选择代表性的地块，建设具有土壤含水量，地下水位，降雨量等信息自动采集、传输功能的监测点。

四、农田环境监测系统

农田环境监测系统主要实现土壤、微气象和水质等信息自动监测和远程传输。其中，农田生态环境传感器符合大田种植业专业传感器标准，信息传输依据大田种植业物联网传输标准，根据监测参数的集中程度，可以分别建设单一功能的农田墒情监测标准站、农田小气候监测站和水文水质监测标准站，也可以建设规格更高的农田生态环境综合监测站，同时采集土壤、气象和水质参数。监测站采用低功耗、一体化设计，利用太阳能供电，具有良好的农田环境耐受性和一定防盗性。

大田种植物联网中心基础平台上，遵循物联网服务标准，开发专业农田生态环境监测应用软件，给种植户、农机服务人员、灌溉调度人员和政府领导等不同用户，提供互联网和移动互联网的访问和交互方式。实现天气预报式的农田环境信息预报服务和环境在线监管与评价。

以农田气象监测系统建设为例，该系统主要包括三大部分。一是气象信息采集系统，是指用来采集气象因子信息的各种传感器，主要包括雨量传感器、空气温度传感器、空气湿度传感器、风速风向传感器、土壤水分传感器、土壤温度传感器、光照传感器等；二是数据传输系统，无线传输模块能够通过 GPRS 无线网络将与之相连的用户设备的数据传输到 Internet 中一台主机上，可实现数据远程的透明传输；三是设备管理和控制系统。执行设备是指用来调节农田小气候各种设施，主要包括二氧化碳生成器、灌溉设备；控制设备是指掌控数据采集设备和执行设备工作的数据采集控制模块，主要作用为通过智能气象站系统的设置，掌控数据采集设备的运行状态；根据智能气象站系统所发出的指令，掌控执行设备的开启/关闭。

五、施肥管理测土配方系统

施肥管理测土配方系统是指建立在测土配方技术的基础上，以3S技术(RS、GIS、GPS)和专家系统技术为核心，以土壤测试和肥料田间试验为基础，根据作物需肥规律、土壤供肥性能和肥料效应，在合理施用有机肥料的基础上，提出氮、磷、钾及中、微量元素等肥料的施用数量、施肥时期和施用方法的系统。测土配方系统的成果主要应用于耕地地力评价和施肥管理两个方面。

①地力评价与农田养分管理是利用测土配方施肥项目的成果对土壤的肥力进行评估，利用地理信息系统平台和耕地资源基础数据库，应用耕地地力指数模型，建立县域耕地地力评价系统，为不同尺度的耕地资源管理、农业结构调整、养分资源综合管理和测土配方施肥指导服务。

②施肥推荐系统是测土配方的目的，借助地理信息系统平台，利用建立的数据库与施肥模型库，建立配方施肥决策系统，为科学施肥提供决策依据。

地理信息系统与决策支持系统的结合，形成空间决策支持系统，解决了传统的配方施肥决策系统的空间决策问题，以及可视化问题。目前GIS与虚拟现实技术(虚拟地理环境)的结合，提高了GIS图形显示的真实感和对图形的可操作性，进一步推进了测土配方施肥的应用。

利用信息技术开发计算机推荐施肥系统、农田监测系统被证明是推广农田种植信息化的有效技术措施。根据以往研究的经验，应着重系统属性数据库管理的标准化研究，建立数据库规范与标准，加强农业信息的可视化管理，以此来实现任意区域信息技术的推广应用。

六、大田作物病虫害诊断与预警系统

农业病虫害是大田作物减产的重要因素之一，科学地监测、预测并进行事先的预防和控制，对农业增收意义重大。为了解决我国病虫害发生严重、农业生产分散、病虫害专家缺乏、农民素质低、科技服务与推广水平差等现实问题，设计开发了农业病虫害远程诊治及预警平台。该平台是现代通信技术、计算机网络和多媒体技术发展的最新成果，养殖户可以通过 Web、电话、手机等设备对农业病虫害进行诊断和治疗，同时也可以得到专家的帮助。该平台实现了农业病虫害诊断、防治、预警等知识表示、问题求解与视频会议、呼叫中心、短消息等新技术的有效集成，实现了通过网络诊断、远程会诊、呼叫中心和移动式诊断决策多种模式的农业病虫害诊断防治体系。

大田作物病虫害远程诊治和预警平台的体系结构分为五层，由基础硬件层、基础信息层、应用支撑平台、应用层、界面层组成，如图 2-29 所示。

①访问界面层是直接面向用户的系统界面。用户可以通过多种方法访问系统并与系统交互，访问方式包括手机网站、电话等。要求界面友好，操作简单。

②应用层提供所有的信息应用和疾病诊断的业务逻辑。主要包括分解用户诊断业务请求，通过应用支撑层进行数据处理，并将返回信息组织成所需的格式提供给客户端。

③应用支撑层构建在 J2EE 应用服务器之上，提供了一个应用基础平台，并提供大量公共服务和业务构件，提供构件的运行、开发和管理环境，最大限度提高开发效率，降低工程实施、维护的成本和风险。

④信息资源层是整个系统的信息资源中心，涵盖所有数据。它是信息资源的存储和积累，为农业病虫害诊治应用提供数据支持。

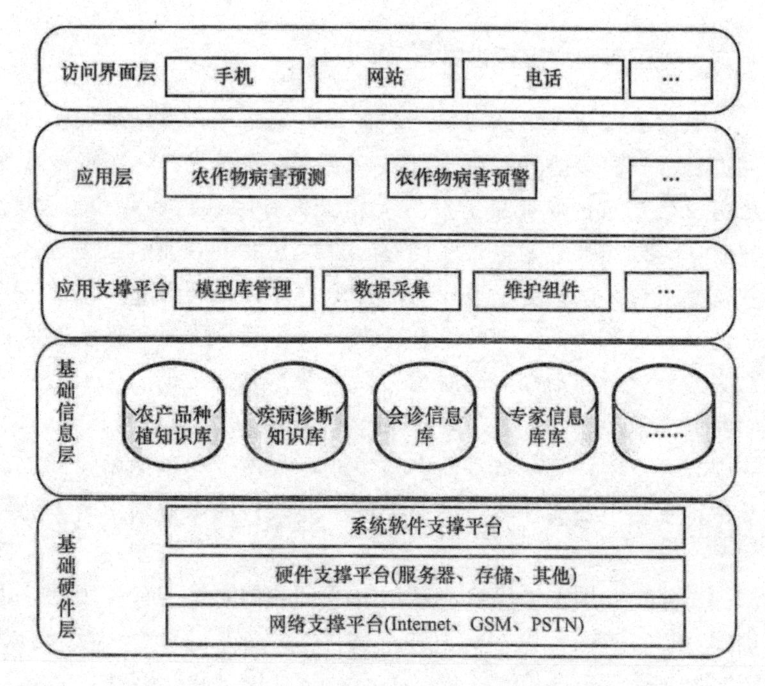

图 2-29　农业病虫害诊断与预警系统体系架构图

⑤基础平台层为系统软硬件以及网络基础平台，分为三部分：系统软件、硬件支撑平台和网络支撑平台。其中，系统软件包括中间件、数据库服务器软件等；硬件支撑平台包括主机、存储、备份等硬件设备；网络支撑为系统运行所依赖的网络环境。

七、农机调度管理系统

农机调度管理系统是一个依托 GSM 数字公众通信网络、全球导航卫星系统和地理信息系统技术为各省市县乡的农机管理部门和农机合作组织提供作业农机实时信息服务的平台。农机调度系统主要是农机管理人员根据下达的作业任务，通过对收割点位置、面积等信息分析，推荐最适合出行的农机数，并规划农机的出行路线。同时该辅助模块通过对历史作业数据统计分析，实现对各作业的效率，油耗成本考核，推荐出行农机操作员。

该系统通过对车台传回的数据进行处理分析，可以准确获取当前作业农机的实时位置、油耗等数据。实时跟踪显示当前农机的作业情况，提供有效作业里程、油耗等数据的统计分析，并可提供农机历史行走轨迹的检索和回放，实现对农机作业的远程监控，辅助管理者进行作业调度，提供农机作业服务的效率。

农机监控调度系统主要包括三个部分：车载终端，监控服务器端，客户端监控终端。

①车载终端安装在作业农机上的集成 GPS 定位模块、GPRS 无线通信模块、中心控制模块和多种状态传感器的机载终端设备。通过 GPS 模块获取农机地理位置(经度、纬度、海拔)数据，同时通过外接的油耗传感器、灯信号传感器、速度传感器等获取农机实时状态数据，然后将这些数据通过 GPRS 无线通信模块上传到监控服务器端。

②监控服务器端在逻辑上分为车载终端服务器、监控终端服务器、数据库服务器三个部分。车载终端服务器主要负责与车载终端进行通信，接收各个车载终端的数据并将这些数据存储到调度中心的数据库中，同时可以向车载终端发出控制指令和调度信息。监控终端服务器主要与客户端调度中心进行交互，解析和响应客户端的请求，从数据库中提取数据返回给客户端。数据库服务器统一存储和管理农机的位置、状态、工作参数等数据，定期对历史数据进行备份和转存，为车载终端服务器和监控终端服务器提供数据支持。

③客户端监控终端运用地理信息系统技术，提供对远程作业农机位置、状态等各种信息的实时监控处理，在电子地图上直观显示农机位置等信息，同时实现对各监管农机作业数据查询编辑、统计分析，面向农机作业管理人员发布农机调度信息，实现远程农机作业监管和调度。监控终端也可以通过电话方式联通机手手机传达调

度指令，实现对车辆的实时调度。

八、精细作业系统

精准作业系统主要包括变量施肥播种系统、变量施药系统、变量收获系统、变量灌溉系统。

①自动变量施肥播种系统就是按土壤养分分布配方施肥，保证变量施肥机在作业过程中根据田间的给定作业处方图，实时完成施肥和播种量的调整功能，提高动态作业的可靠性以及田间作业的自动化水平。采用基于调节排肥和排种口开度的控制方法，结合机、电、液联合控制技术进行变量施肥与播种。

②基于杂草自动识别技术的变量施药系统利用光反射传感器辨别土壤、作物和杂草。利用反射光波的差别，鉴别缺乏营养或感染病虫害的作物叶子进而实施变量作业。一种是利用杂草检测传感器，随时采集田间杂草信息，通过变量喷洒设备的控制系统，控制除草剂的喷施量；另一种是事先用杂草传感器绘制出田间杂草斑块分布图，然后综合处理方案，绘出杂草斑块处理电子地图，由电子地图输出处方，通过变量喷药机械实施。

③变量收获系统利用传统联合收割机的粮食传输特点，采用螺旋推进称重式装置组成联合收割机产量流量传感计量方法，实时测量田间粮食产量分布信息，绘制粮食产量分布图，统计收获粮食总产量。基于地理信息系统支持的联合收割机粮食产量分布管理软件，可实时在地图上绘制产量图和联合收割机运行轨迹图。

④变量精准灌溉系统根据农作物需水情况，通过管道系统和安装在末级管道上的灌水装置(包括喷头、滴头、微喷头等)，将水及作物生长所需的养分以适合的流量均匀、准确地直接输送到作物根部附近土壤表面和土层中，以实现科学节水的灌溉方法。将灌溉节水技术、农作物栽培技术及节水灌溉工程的运行管理技术有机结合，通过计算机通用化和模块化的设计程序，构筑供水流量、压力、土

壤水分、作物生长信息、气象资料的自动监测控制系统，能够进行水、土环境因子的模拟优化，实现灌溉节水、作物生理、土壤湿度等技术控制指标的逼近控制，将自动控制与灌溉系统有机结合起来，使灌溉系统在无人干预的情况下自动进行灌溉控制。

第九节　设施园艺物联网应用

设施园艺物联网是农业物联网的一个重要应用领域，是以全面感知、可靠传输和智能处理等物联网技术为支撑和手段，以设施园艺的自动化生产、最优化控制、智能化管理为主要目标的农业物联网的具体应用领域，也是目前应用需求最为迫切的领域之一。本章分析了设施园艺物联网的建设需求，重点阐述了设施园艺物联网的体系架构，并对设施园艺物联网在环境自动控制、水肥管理、自动作业与机器人、病虫害预测预警等方面的应用进行了系统论述，以期使读者对设施园艺物联网有一个系统全面的认识。

一、概述

（一）设施园艺物联网技术需求

1. 设施园艺温室环境控制亟须自动化和智能化

设施园艺以日光温室为主，温室结构简易，环境控制能力低；发达国家发展工厂化农业采取的是“高投入、高产出”的高科技路线，欧美发达地区采用智能化温室综合环境控制系统可使运作节能15%～50%，节水、节肥、节省农药，提高作物抗病性。我国设施园艺技术装备近年来得到了快速发展，但在温室环境控制、栽培管理技术、生物技术、人工智能技术、网络信息技术等方面与发达国家相比仍存在较大差距。通过物联网技术可以实现对温室的控制，并达到最优化，实现随时随地通过网络远程获取温室状态并控制温室各种环境，使作物处于适宜的生长环境；同时通过引入智能化装备，高效科学地进行肥水药投入，显著减轻设施作业人员劳动强度，提高劳动生产率，节约生产成本，提高设施蔬菜平均产量；提高温室单位面积的劳动生产率和资源产出率。

2. 设施园艺的高集约化需要水肥管理自动化的技术支撑

我国设施园艺普遍存在管理粗放、技术措施落实不到位、智能化水平低，导致单位生产效率低、投入产出比不高、农业产品质量安全水平起伏较大的现状，与发达国家相比存在很大差距。主要表现为：农药的不规范使用，致使农产品质量安全状况不稳定。调查显示北京市叶菜类蔬菜每年施药 12～23 次，保护地(常年种植)施药最多可达 60 次以上；果菜类 16～35 次，最多高达 70 多次。农药使用量是发达国家的 2～4 倍，农药利用率低。在生产管理方面，设施园艺生产目前仍以传统经验生产为主，缺乏量化指标和配套集成技术，产品总体产量低、品质有待提高。国外设施园艺在信息技术的支持下平均年产量均能达到 21000 公斤/亩，我国的平均单产仅为其 1/3～1/2。此外，设施蔬菜生产仍以人力为主，劳动强度大；其温室年平均用时达 3600h/亩以上，人均管理面积仅相当于日本的 1/3、西欧的 1/5 和美国的 1/10。

3. 设施园艺综合信息服务网是推进设施园艺产业的重要途径

通过设施园艺综合应用服务平台，可以部署相关应用系统，为农业管理部门、专家等在线远程管理、服务、指导提供手段和工具，同时，有效改善设施园艺的基础装备，将有效解决基层专业技术人员不足、新技术推广应用难等问题，为设施园艺生产提供高质量的配套技术服务。

(二)设施园艺物联网技术发展趋势

设施园艺中的温室环境是一个复杂系统，有着非线性、强耦合、大惯性和多扰动等特点，具有许多不确定性和不精确性。因此设施园艺物联网在应用过程中也有以下一些特点。

• 随着设施园艺规模和产业化程度提高，基于温室内部管理和控制的局域网特性，建立互联网远程控制及管理系统，通过互联网获取有用信息以及通过在线服务系统进行咨询是未来发展趋势。

• 未来的计算机控制与管理系统是综合性、多方位的，温室环境测试与自动控制技术将朝多因素、多样化方向发展，集图形、声音、影视为一体的多媒体服务系统是未来计算机应用的热点。

• 随着传感技术、计算机技术和自动控制技术的不断发展，温室计算机的应用将由简单地以数据采集处理和监测，逐步转向以知识处理和应用为主。神经网络、遗传算法、模糊推理等人工智能技术在设施园艺中将得到不同程度的应用，以专家系统为代表的智能管理系统已取得了不少研究成果，温室生产管理已逐步向定量、客观化方向发展。

二、设施园艺物联网总体架构

设施园艺物联网是以全面感知、可靠传输和智能处理等物联网技术为支撑和手段，以自动化生产、最优化控制、智能化管理为主要生产方式的高产、高效、低耗、优质、生态、安全的一种现代化农业发展模式与形态，主要包括设施园艺环境信息感知、信息传输和信息处理或自动控制等三个环节。

设施园艺物联网应用体系框架：

①设施园艺物联网感知层。设施园艺物联网的应用一般对温室生产的 7 个指标进行监测，即通过土壤、气象、光照等传感器，实现对温室的温、水、肥、电、热、气、光进行实时调控与记录，保证温室内的有机蔬菜和花卉生产在良好环境中。

②设施园艺物联网传输层。一般情况下，在温室内部通过无线终端，实现实时远程监控温室环境和作物长势情况。通过手机网络或短信的方式，监测大田传感器网络所采集的信息，以作物生长模

拟技术和传感器网络技术为基础，通过常见蔬菜生长模型和嵌入式模型的低成本智能网络终端。通过中继网关和远程服务器双向通信，服务器也可以做进一步决策分析，并对所部署的温室中灌溉等装备进行远程管理控制。

③设施园艺物联网智能处理层。通过对获取的信息的共享、交换、融合，获得最优和全方位的准确数据信息，实现对设施园艺的施肥、灌溉、播种、收获等的决策管理和指导。结合经验知识，并基于作物长势和病虫害等相关图形图像处理技术，实现对设施园艺作物的长势预测和病虫害监测与预警功能。还可将监控信息实时的传输到信息处理平台，信息处理平台实时显示各个温室的环境状况，根据系统预设的阈值，控制通风/加热/降温等设备，达到温室内环境可知、可控。

三、温室环境自动控制系统

温室环境控制涉及诸多的领域，是一项综合性的技术，它涉及的学科和技术包括计算机技术、控制和管理技术、生物学、设施园艺学、环境科学等。要为温室作物营造一个适合作物生长的最佳的环境条件，首先要熟悉温室环境的特点和环境监控的要求，然后制定温室控制系统的总体设计方案、控制策略并付诸实施。温室环境监控是温室生产管理的重要环节，随着设施园艺向着更加精细化、高效化、现代化的方向发展，越来越多的传感器和控制设备应用于温室生产，如果继续采用传统有线网络通信，不但造成现场施工困难，有时甚至不能满足生产需要，影响生产进行。

（一）温室自动控制系统

温室控制系统就是依据温室内外装设的温湿度传感器、光照传感器、CO_2 传感器、室外气象站等采集或观测的信息，通过控制设备（如控制箱、控制器、计算机等）控制驱动/执行机构（如风机系统、开窗系统、灌溉施肥系统等），对温室内的环境气候（如温度、湿度、光照、CO_2 等)和灌溉施肥进行调节控制以达到栽培作物的生长发育需要。温室控制系统根据控制方式可分为手动控制系统和自动控制系统。本部分重点介绍自动控制系统。

温室自动控制系统分为数字式控制仪控制系统、控制器控制系统和计算机控制系统。

①数字式控制仪控制系统。这种控制系统往往只对温室的某一环境因子进行控制。控制仪用传感器监测温室内的某一环境因子,并对其设定上限值和下限值,然后控制仪自动对驱动设备进行开启或关闭,从而使温室的该环境因子控制在设定的范围内。如温控仪可通过风机、湿帘降温等手段来调节温室的温度。这种系统由于成本较低,对运行要求不高的温室来说很适用。

②控制器控制系统。数字式控制仪采用单因子控制,在控制过程中只对某一要素进行控制,不考虑其他要素的影响和变化,局限性非常大。实际上影响作物生长的众多环境因素之间是相互制约、相互配合的,当某一环境要素发生变化时,相关的其他要素也要相应改变才能达到环境要素的优化组合。控制器控制系统就是采用了综合环境控制。这种控制方法根据作物对各种环境要素的配合关系,当某一要素发生变化时,其他要素自动做出相应改变和调整,能更好地优化环境组合条件。控制器控制系统由单片机系统或可编程控制器与输入输出设备及驱动/执行机构组成。

③计算机控制系统。计算机控制系统有两类,一类由控制器控制系统与计算机系统构成,这类系统的控制器可以独立控制,将控制系统的大脑设置在计算机的主机中,计算机只需完成监视和数据处理工作,温室管理者可以利用微机进行文字处理及其他工作;另一类计算机作为专用的计算机,它是控制系统的大脑,不能用它从事其他工作。

温室控制系统根据驱动/执行机构的不同,可细分为开窗控制系统、风机控制系统、拉幕控制系统、风机湿帘水泵控制系统、补光控制系统、灌溉施肥控制系统、CO_2 施肥控制系统、充气泵控制系统(双层充气膜温室专用)等。

在现场具体安装时，一般需要安装和配备以下设备：温室内安装土壤水分传感器、空气温湿度传感器、无线测量终端和摄像头，通过无线终端，可以实时远程监控温室环境和作物长势情况。在连栋温室内安装一套视频监控装置，通过3G或宽带技术，可实时动态展现自动控制效果。并且该测控系统可以通过中继网关和远程服务器双向通信，服务器也可以做进一步决策分析，并对所部署的温室中灌溉等装备进行远程管理控制。

(二)环境自动控制系统

温室环境控制系统主要是基于光量、光质、光照时间、气流、植物保护、CO_2 浓度、水量、水温、肥料等多种因素对温室环境进行控制。完整的环境控制系统包括控制器(包括控制软件)、传感器和执行机构。最简单的控制系统由单控制器、单传感器和执行机构组成，可由温度自动控制器控制加热、开闭天窗或是打开卷帘，由时间控制器控制定时灌溉，由 CO_2 浓度控制器控制释放 CO_2 进行施肥等。在实际生产中采用这些控制系统可以大大节省劳动力，节约成本。目前的计算机环境控制系统通过采用综合环境控制方法，充分考虑各控制过程间的相互影响，能真正起到自动化、智能化和节能的作用。

四、设施园艺水肥管理系统

设施园艺水肥管理系统是指基于物联网技术的臭氧消毒机、施肥喷药一体机、灌溉施肥机等设施园艺肥水调控管理智能装备，实现设施安全生产、肥药精确调控。自动施肥系统可以连接到任何一个已经存在的灌溉系统中。根据用户在核心控制器上设计的施肥程序，施肥机上的一套文丘里注肥器按比例或浓度将肥料罐中的肥料溶液注入灌溉系统的主管道中，达到精确、及时、均匀地施肥的目的。同时通过自动施肥机上的EC/pH值传感器的实时监控，保证施肥的精确浓度和营养液的EC和pH值水平。

为使全自动配肥智能灌溉施肥机与传统的灌溉系统无缝连接，构成全自动灌溉施肥系统，全自动配肥智能灌溉施肥机的管路系统结构由过滤装置、灌溉控制管路、传感测量设备、混肥控制管路和营养液母液组成。水肥混合是在混合桶内进行的，采用旁通连接方式与灌溉通道连接。系统采用过滤器净化水质，利用控制器的反冲洗功能提高自动化，减小劳动强度；传感测量设备实时在线测量监控可以精确的计量每组阀门的灌溉施肥量，保证施肥精确浓度以及营养液EC值和pH值水平。混肥控制管路由施肥泵、水肥混合装置、文丘里注肥器和营养液组成。文丘里注肥器是水肥混合装置，施肥泵给文丘里注肥器提供工作压力；采用水肥混合控制阀调节注肥频率，改变水肥混合比，整个混肥管路是一个相对独立的工作系统，有利于系统的混肥控制，提高混肥质量。

五、设施园艺自动作业与机器人

农业机器人是一种以完成农业生产任务为主要目的、兼有人类四肢行动、部分信息感知和可重复编程功能的柔性自动化或半自动化设备，集传感技术、监测技术、人工智能技术、通信技术、图像识别技术、精密及系统集成技术等多种前沿科学技术于一身，在提高农业生产力，改变农业生产模式，解决劳动力不足，实现农业的规模化、多样化、精准化等方面显示出极大的优越性。它可以改善农业生产环境，防止农药、化肥对人体造成危害，实现农业的工厂化生产。

用于设施园艺的农业机器人按作业对象不同通常可分为以下两类：可完成各种繁重体力劳动的农田机器人，如插秧、除草及施肥、施药机器人等。可实现蔬菜水果自动收获、分选、分级等工作的果蔬机器人，如采摘苹果、采蘑菇、蔬菜嫁接机器人等。

中国农业大学于2010年研发出国内第一台黄瓜采摘机器人。该黄瓜采摘机器人能在温室内自主行走，根据黄瓜和叶子的光谱学特性差异实现黄瓜的有效识别，采用双目立体视觉对黄瓜的位置进行三维空间定位后采用柔性机械手实现对黄瓜的无损抓取。重要的关键技术包括基于多传感器融合的果实信息获取技术、基于双目视觉的特征点匹配技术、智能导航控制技术、柔性和力觉感知的黄瓜采摘机械手控制技术。其采摘效率及温室示范技术处于国际领先水平。

六、设施园艺病虫害预测预警系统

设施园艺病虫害联防联控指挥决策系统通过实时采集各基地系统中有关病虫害的预测预报数据，并通过系统分析和统计处理发布预处理结果，实现设施园艺病虫害发生期发生量等的预警分析、田间虫情实时监测数据空间分布展示与分析、病虫害蔓延范围时空叠加分析；对周边地区病虫害疫情进行防控预案管理、捕杀方案辅助决策、防控指令与虫情信息上传下达等功能，为设施病虫害联防联控提供分析决策和指挥调度平台。

此系统包括四个部分：病虫害实时数据采集模块、病虫害预测预报监控与发布模块、各区县重大疫情监测点数据采集与防控联动模块、病虫害联防联控指挥决策模块。

①病虫害实时数据采集模块通过通信服务器将各基地的病虫害预测预报信息，以及基础数据实时采集，存储在控制中心数据库中，为疫情监控提供基础数据。

②病虫害预测预报监控与发布模块统计分析收集的各基地病虫害预测预警数据及基础数据，将统计分析结果实时显示在监控大屏上，专家和管理人员也可通过终端浏览和查询病虫害状况信息。

③各区县重大疫情监测点数据采集与防控联动模块负责实现上级控制中心与各区县现有重大疫情监测点系统的联网，实现数据的实时采集，实现上级防控指挥命令和文件的下达，实现各区县联防

联控的进展交互和上级汇报。

④病虫害联防联控指挥决策模块通过实时监控的病虫害疫情状况及其变化，实施疫情区域和相关区域联防联控的指挥决策，包括病虫害联防联控预案制定、远程防控会商决策、防控方案制定与下发、远程防控指挥命令实时下达、疫情防控情况汇报与汇总；实现监控区域内的联防联控，以及非监控区域内的信息收集、疫情发布和联防联控指挥与决策。

七、农产品分级分类系统

农产品分级分类系统是指通过人工分级、机械分级、机电结合分级、计算机视觉分级和核磁共振分级等方法在农产品分级中的应用。农产品检测分级分类的研究在国际上又开始受到重视，国内研究人员在果形尺寸检测、表面颜色检测、表面缺陷检测、水果输送机构和分级卸料装置、水果包装机器人等方面继续跟踪国外前沿技术方向，展开相关的研究工作。

在目前的农产品分类分级系统中，不同系统分别有不同的应用。例如，X射线和γ射线用于与农产品密度变化有密切联系的品质因素检测，如苹果压伤、桃子破裂和土豆空心等；电分选技术用于小型籽粒的分选；光电技术用于大米、果蔬等的加工分级；机械分级用于检测水果表面缺陷，对于水果内部的品质无能为力；计算机视觉系统分级方法用于农产品外表形状、色泽等因素分级；核磁共振技术是一种具有极高分辨率的分析技术，能分析农产品内部的清晰图像及结构分布。

目前，我国农产品检测分级研究还主要集中在视觉算法方面，即使用各种视觉算法解决各种农产品的检测和分级问题。我国目前的研究主要集中在视觉检测分析算法方面，对于包括检测、分级、包装等一系列操作的整套机电一体化系统的研究还很少。另外，研究关注的系统也多为大型系统。而我国农产品的产地集中度不高、运输成本不低，因此能够在产地即完成检测分级工作的中小型系统更加适合我国的国情，但是相关方面的研究还非常少。

第十节　畜禽养殖物联网应用

畜禽养殖物联网是农业物联网的一个重要应用领域，是指采用先进传感技术、智能传输技术和农业信息处理技术，通过对畜禽养殖环境信息的智能感知，安全可靠传输以及智能处理，实现对畜禽养殖环境信息的实时在线监测与智能控制，健康养殖过程精细投喂，畜禽个体行为监测、疾病诊断与预警、育种繁育管理。畜禽养殖物联网为畜禽营造相对独立的养殖环境，彻底摆脱传统养殖业对人员管理的高度依赖，最终实现畜禽养殖集约、高产、高效、优质、健康、生态、安全。本章首先介绍了畜禽养殖物联网总体架构，重点论述了养殖环境监控、精细喂养决策、个体行为监测、育种繁育管理、疾病诊断与预警 5 个应用系统，以期使读者对畜禽养殖业物联网有一个清晰的了解。

一、概述

我国是一个养殖大国，其中禽类存栏数量 40 亿只，位居世界第一。随着我国城乡居民收入不断提高，畜禽产品的消费量也持续增长。相应的，畜禽养殖业在农业总产值中所占的比重不断扩大，畜禽养殖业也成为吸引农村剩余劳动力、增加农民收入的主要途径。

畜禽养殖对环境依赖程度较高，畜禽养殖环境质量的优劣直接影响着畜禽健康和产品的品质。如冬天畜禽需要保温，畜禽舍内通风不畅，二氧化碳、氨气、二氧化硫等有害气体含量超标，温度、湿度等环境指标超标，这些均会导致畜禽产生各种应激反应及免疫力降低并引发各种疾病。因此，畜禽养殖环境的控制是有效防控重大疫病传播和流行的先决条件。同时，动物繁育时对养殖环境和喂食也有较高的要求，尤其是分娩舍和保育舍要进行严格的智能环境监控以保证动物的顺利生育。

在我国畜禽养殖快速发展的同时，畜牧养殖生产过程中也面临着一些亟待解决的问题。例如，畜禽养殖场舍环境缺乏有效及时的监控手段；畜禽养殖场缺乏对畜禽个体(如猪、奶牛)的远程视频监测，不方便实时观看畜禽的状况和养殖过程，现有畜禽疾病诊断技术缺乏实时的信息采集、传输、诊断和反馈的手段，信息采集技术落后，信息传输手段单一，缺少基于现场信息的畜禽在线监测等。要解决畜禽养殖生产过程中所面临的一系列问题，以物联网为代表的信息技术无疑为相关问题的解决提供了很好的途径。随着养殖模式逐渐向工厂化、集约化方向发展，物联网技术在养殖业中的作用将体现得越来越明显。畜禽养殖物联网在养殖业各环节上的应用大致有以下几个方面。

• 养殖环境监控。随着畜禽养殖的规模化、集约化趋势越发明显，养殖方式也随之发生了深刻的变化。以自动化、数字化技术为平台，通过模拟生态和自动控制技术，每一个畜禽舍或养殖场都成为一个生态单元，能够自动调节温度、湿度和空气质量，能够自动送料、饮水、产品分检和运输。养殖环境的自动监控将有效提高养殖规模，实现自动化养殖。

• 实现精细饲料投喂。科学喂养是养殖业中最重要的环节之一。畜禽的营养研究和科学喂养的发展对畜禽养殖发展、节约资源、降低成本、减少污染和病害发生、保证畜禽食用安全具有重要的意义。精细投喂智能决策根据畜禽在各养殖阶段营养成分需求，借助养殖专家经验建立不同养殖品种的生长阶段与投喂率、投喂量间定量关系模型。利用物联网技术，获取畜禽精细饲养相关的环境和群体信息，建立畜禽精细投喂决策系统，解决喂什么、喂多少、喂几回等精细喂养问题，而且也能为畜禽质量追溯提供数据资料。

• 全程监控动物繁育。在畜禽生产中，采用信息化技术通过提高公畜和母畜繁殖效率，可以减少繁殖家畜饲养量，进而降低生产成本和饲料、饲草资源占用量。因此，以动物繁育知识为基础，利用传感器、RFID 等感知技术对公畜和母畜的发情进行监测，同时对配种和育种环境进行监控，为动物繁殖提供最适宜的环境，全方位地管理监控动物繁育是非常必要的。

• 疾病诊断与预警。近年来，畜禽疫病呈多发态势，以生猪为例，常见病种类由 4～5 种增加到 12～14 种。特别是前两年的高致病性猪蓝耳病疫情，对养殖户造成了重大的经济损失。因此，建立疾病诊治系统实现畜禽疾病的早发现、早诊治是非常重要的。畜禽疾病诊治与预警从水产品疾病早预防、早诊治的角度出发，在对畜禽养殖环境和病源与畜禽疾病发生的关系研究的基础上，确定各类病因预警指标及其对疾病发生的可能程度，建立畜禽疾病预警模型，实现畜禽养殖疾病精确预防、预警、诊治。

二、畜禽养殖物联网总体框架

畜禽养殖物联网面向畜禽养殖领域的应用需求，通过集成畜禽养殖信息智能感知技术及设备、无线传输技术及设备、智能处理技术，实现畜禽养殖环境监控、智能精细饲喂、疾病诊治、养殖环境控制。下面以生猪养殖物联网系统为例，说明畜禽养殖物联网的总体框架。畜禽养殖物联网系统的整体架构如图 2-30 所示。

①感知层。作为物联网对物理世界的探测、识别、定位、跟踪和监控的末端，末端设备及子系统承载了将现实世界中的信息转换为可处理的信号的作用，其主要包括传感器技术、RFID（射频识别）技术、二维码技术、视频和图像技术等。采用传感器采集温度、湿度、光照、二氧化碳、氨气和硫化氢等畜禽养殖环境参数，采用 RFID 技术及二维码技术对畜禽个体进行自动识别，利用视频捕捉等，实现多种养殖环境信息的捕捉。

②传输层。传输层完成感知层和数据层之间的通信。传输层的

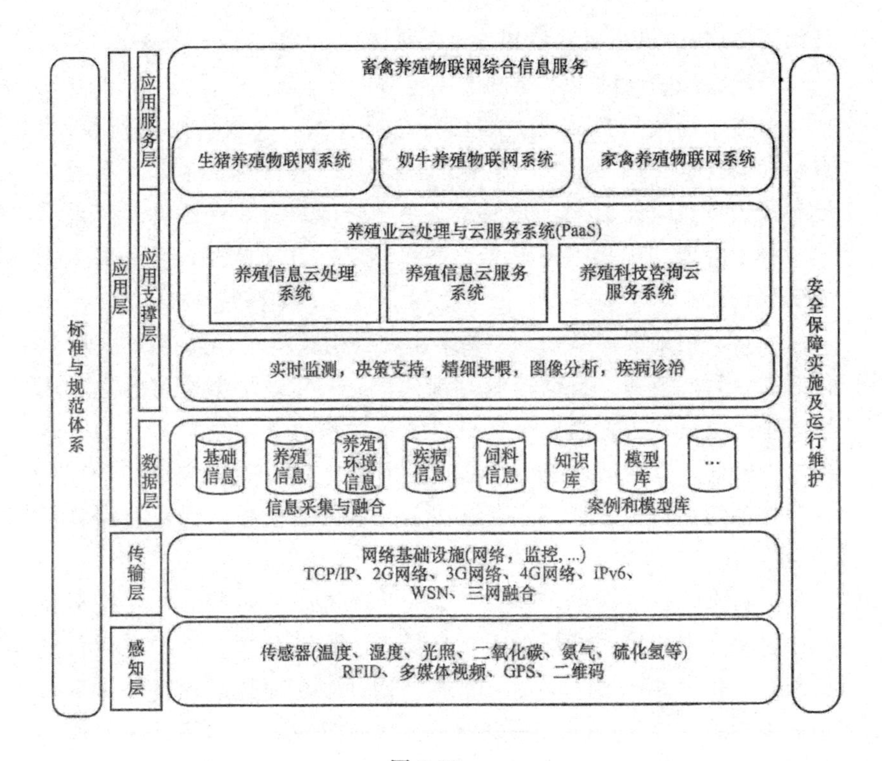

图 2-30

无线传感网络包括无线采集节点、无线路由节点、无线汇聚节点及网络管理系统，采用无线射频技术，实现现场局部范围内信息采集传输，远程数据采集采用 2G、3G 等移动通信技术，无线传感网络具有自动网络路由选择、自诊断和智能能量管理功能。

③应用层。应用层提供所有的信息应用和系统管理的业务逻辑。它分解业务请求，在应用支撑层的基础上，通过使用应用支撑层提供的工具和通用构件进行数据访问和处理，并将返回信息组织成所需的格式提供给客户端。应用层为畜禽养殖物联网应用系统(生猪养殖物联网系统、奶牛养殖物联网系统、家禽养殖物联网等)提供统一的接口，为用户(包括养殖户、农民合作组织、养殖企业、涉农职能

部门等用户)提供系统入口和分析工具。

畜禽养殖物联网主要建设内容包括:

• 养殖环境监控系统。利用传感器技术、无线传感网络技术、自动控制技术、机器视觉、射频识别等等现代信息技术，对养殖环境参数进行实时的监测，并根据畜禽生长的需要，对畜禽养殖环境进行科学合理的优化控制，实现畜禽环境的自动监控，以实现畜禽养殖集约、高产、高效、优质、健康、节能、降耗的目标。

• 畜禽精细喂养系统。主要采用动物生长模型、营养优化模型、传感器、智能装备、自动控制等现代信息技术，根据畜禽的生长周期、个体重量、进食周期、食量以及进食情况等信息对畜禽的饲料喂养的时间、进食量、进行科学的优化控制，实现自动化饲料喂养，以确保节约饲料、降低成本、减少污染和病害发生，保证畜禽食用安全。

• 畜禽育种繁育系统。主要运用传感器技术、预测优化模型技术、射频识别技术，根据基因优化原理，在畜禽繁育中，进行科学选配、优化育种，科学监测母畜发情周期，从而提高种畜和母畜繁殖效率，缩短出栏周期，减少繁殖家畜饲养量，进而降低生产成本和饲料、饲草资源占用量。

• 畜禽疾病诊治与预测系统。主要利用人工智能技术、传感器技术、机器视觉技术，根据畜禽养殖的环境信息、疾病的症状信息、畜禽的活动信息，对畜禽疾病发生、发展、程度、危害等进行诊断、预测、预警，根据状态进行科学的防控，以实现最大限度降低由于疫病疫情引发的各种损失，控制流行范围的目标。

三、养殖环境监控系统

畜禽养殖环境监控系统，针对我国现有的畜禽养殖场缺乏有效信息监测技术和手段，养殖环境在线监测和控制水平低等问题，采用物联网技术，实现对畜禽环境信息的实时在线监测和控制。养殖环境监控系统在养猪舍内部署各类室内环境监测传感器，大量的传感器节点构成监控网络，通过各种传感器采集养殖场所的主要环境因素如温度、湿度及氨气含量等因子，并结合季节、养殖品种及生理等特点，编制有效的养殖环境信息采集及调控程序，达到自动完成环境控制的目的。

畜禽养殖环境监控系统由养殖环境信息智能传感子系统、养殖环境信息自动传输子系统、养殖环境自动控制子系统和养殖环境智能监控管理平台四部分组成。

（一）养殖环境信息智能传感子系统

养殖环境信息智能传感子系统主要用来能感知畜禽养殖环境质量的优劣，如冬天畜禽需要保温，畜禽舍内通风不畅，二氧化碳、氨气、二氧化硫等有害气体含量，空气中尘埃、飞沫及气溶胶浓度，温、湿度等环境指标，按一定规律变换成为电信号或其他所需形式的信息输出，以满足信息的传输、处理、存储、显示、记录和控制等要求。它是实现自动检测和自动控制的首要环节。图2-31 分别为智能空气温湿度传感器(a)、太阳辐射传感器(b)、温度传感器(c)。

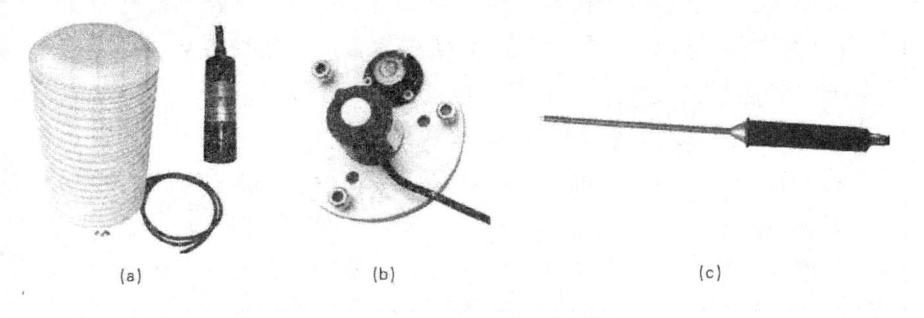

(a)　(b)　(c)

图 2-31

（二）养殖环境信息自动传输子系统

养殖环境信息的监控是畜禽养殖的重要环节，如果继续采用传统有线网络进行信息通信，不但造成现场施工困难，有时甚至不能满足生产需要，影响生产进行。因此，采用无线通信网络进行信息传输。基于无线传感器网络的养殖环境信息传输系统运用无线通信和嵌入式测控等技术，采用无线采集节点、无线控制节点和无线监控中心，利用无线网络管理软件，构建一套畜禽养殖环境信息自动传输子系统，解决信息的可靠传输问题。生猪养殖无线传感器网络如图 2-32 所示。

目前，图像信息传输在畜禽养殖生产中也有着迫切的需求，它可以为病虫害预警、远程诊断、远程管理提供技术支撑。为有效保证图像、视频等信息传输的质量和实际应用效果，采用在圈舍内建设有线网络来配合视频监控传输，将视频数据发送到监控中心，可以实现远程查看圈舍内情况的实时视频，并可对圈舍指定区域进行图像抓拍、触发报警、定时录像等功能。

（三）养殖环境自动控制子系统

自动控制系统用于控制各种环境设备。系统通过控制器与养殖环境的控制系统（如红外、风扇等）实现对接。控制设备主要采用并联的方式接入主控制器，主控制器可以实现对控制设备手动控制。除此之外，通过增加继电器（控制器控制继电器）并联入现有的控制电路，实现原系统的手动控制功能继续有效，新增远程智能控制功能。

控制器具有与各主控设备进行数据交换功能，可以接收并执行智能养殖平台反向发送的控制指令，对各主控设备进行控制。控制器还可以实现手、自动功能切换，在进行手动和自动切换时，切换的信号自动反映到主控中心。手动控制时，通过软件平台上的控制按钮便可以进行加温、降温等控制操作。自动控制时，完全由控制

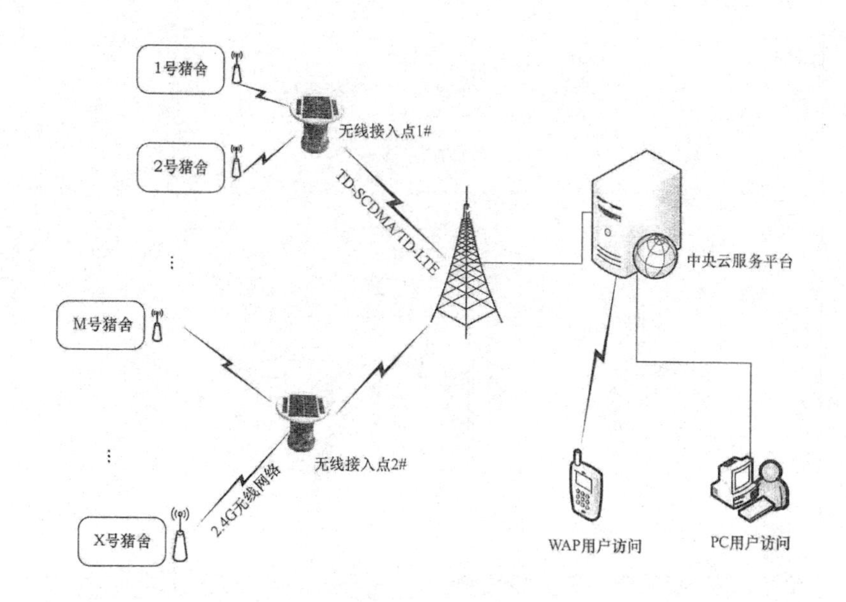

图 2-32

软件根据采集到的传感器数据和阈值设置进行联动自动操控。

养殖环境智能控制单元由测控模块、电磁阀、配电控制柜及安装附件组成，通过 GPRS 模块与监控中心连接。根据猪舍内的传感器检测空气温度、空气湿度及二氧化碳等参数，对猪舍内的控制设备进行控制，实现猪舍环境参量获取、自动控制等功能。图 2-33 是养殖环境测控点示意图，图 2-34 为养殖环境控制系统框架图。

（四）养殖环境智能监控管理平台

养殖环境智能监控管理平台实现对采集到的养殖环境各路信息的存储、分析和管理；提供阈值设置功能；提供智能分析、检索、告警功能；提供权限管理功能；提供驱动养殖舍控制系统的管理接口。养殖环境智能管理平台采用 B/S 结构，用户借助于互联网随时随地访问系统。智能监控管理平台主要包括如下功能。

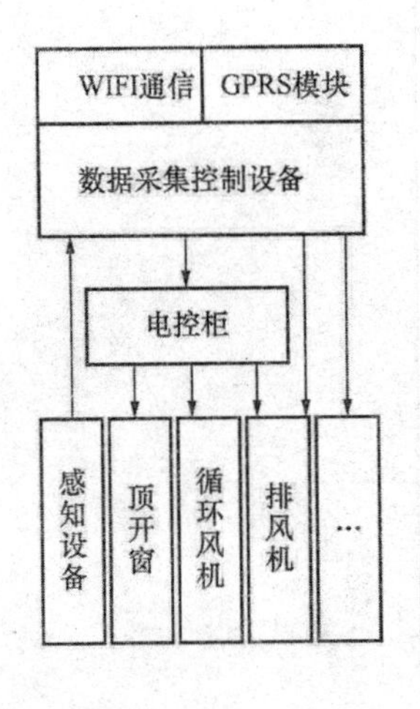

图 2-33

1. 实时高精度采集环境参数

养殖环境舍圈内部署各种类型的室内环境传感器，并连接到无线通信模块，智能养殖管理平台便可以实现对二氧化碳数据、温湿度数据、氨气含量数据、H_2S 含量数据的自动采集。用户根据需要可随时设定数据采集的时间和频率，采集到的数据可通过列表、图例等多种方式查看。

2. 异常信息报警

当畜禽养殖环境参数发生异常时，系统会及时进行报警。例如，当畜禽圈舍的温度过高或过低，二氧化碳、氨气、二氧化硫等有害气体含量超标时，这些均会导致畜禽产生各种应激反应及免疫力降低并引发各种疾病，影响畜禽的生长。异常信息报警功能根据采集到的实时数据实现异常报警，报警信息可通过监视界面进行浏览查询，同时还以短消息形式及时发送给工作人员，确保工作人员在第一时间收到告警信息，及时进行处理，将损失降到最低。

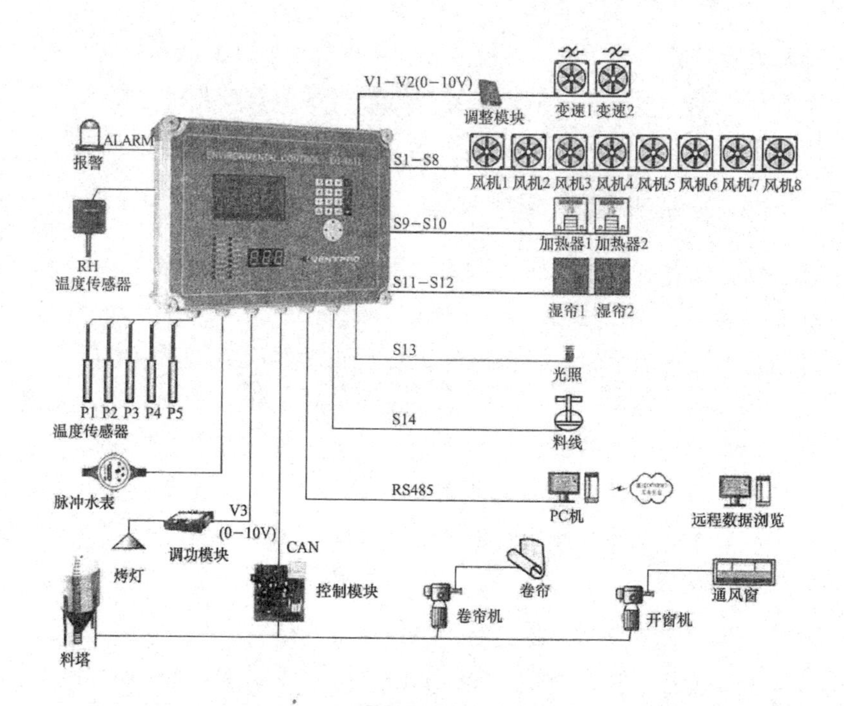

图 2-34

3. 智能化的控制功能

控制系统以采集到的各种环境参数为依据，根据不同的畜禽养殖品种和控制模型，计算设备的控制量，通过控制器与养殖环境的控制系统(如红外、风扇、湿帘等)实现对接，控制各种环境设备。系统支持自动控制和手动控制两种方式，用户通过维护系统设定理想的养殖环境等参数，系统远程控制猪舍内风机、红外灯和湿帘，确保动物处在适宜的生长状态。

4. 随时随地互联网访问

管理人员随时随地访问，只要可以上网并且有浏览器或者客户端就可以随时随地访问监测猪舍内环境数据并实现远程控制。监控终端包括计算机、手机、触摸屏等。管理员设置开启联动控制功能，平台根据采集到的环境数据对环境进行自动调控，并将操作内容以短信息形式及时通知管理人员。

四、精细喂养决策系统

精细喂养管理系统(以生猪养殖为例)将根据养殖场的生产状况，建立以品种、杂交类型、生产特点、生理阶段、日粮结构、气候、环境温湿度等因素为变量的营养需要量自动匹配并比对中心数据库同类生猪数字模型，进行生猪饲养过程的数字化模拟和生产试验验证，以影响种生猪养殖过程需要量和生产性能，以不同环境因素为变量，模拟生猪的生产性能和生理指标的变化，从而达到数字化精细喂养。系统主要实现下列功能。

1. 饲料配方

我国是畜禽饲料生产大国，2009 年商品饲料总产量达到 1.45 亿吨，居世界第二位，但是，我国的饲料配方计算技术仍然相对落后，远远不能满足畜禽饲料配方的需要。精细投喂智能决策根据畜禽在各养殖阶段营养成分需求，借助养殖专家经验建立不同养殖品种的生长阶段与投喂率、投喂量间定量关系模型。利用物联网技术，获取畜禽精细饲养相关的环境和群体信息，建立畜禽精细投喂决策。

2. 计量传感

目前，用于家畜精料自动补饲装置中的计量方式主要为容积式和称重式两大类。称重式具有计量精度高、通用性好和对物料特性的变化不敏感等特点，但计量速度慢、结构复杂、价格高。容积式是靠盛装物料的容器决定加料量，其计量精度主要取决于容器容积的精度、物料容重及物料流量的一致性，其结构简单、成本低、速度快于称重式。

称重式定量计量方法采用重量传感器和秤，其中秤主要有机械式杠杆秤、电子秤和机械电子组合秤。从给料方式来看，有单级给料和多级给料。为了提高给料速度和计量精度，大都采用多级给料并一边给料一边称重的动态称量，通过粗给料器或粗细给料器一起快速往称量料斗加入目标量的大部分(一般为80%～95%)，然后粗给料器停止给料，剩余的小部分通过细给料器缓慢加入称量料斗，给料过程结束后，控制称量料斗的投料机构打开投料门，完成投料。

3. 配料控制

科学饲料投喂智能控制系统，根据投喂模型，结合生猪个体实际情况，计算该猪当天需要的进食量，并进行自动投喂。物料从储料仓到称重器的控制方式是自动饲喂控制过程的关键所在。一般设计称重控制器的做法是：先启动喂料机开始喂料，然后在喂料的过程中不断地检测喂料的重量。当理论用料量和当时的实际喂料量的差值小于喂料提前量时，关闭喂料器的喂料阀门，停止喂料，靠惯性和阀门关闭后的物料流量补足理论料量；若提前量太大，靠点动喂料完成。

通过高度的自动化管理，实现对生猪的个体化管理，避免人为因素对养猪生产造成的影响，使得养殖的整体经济效益大幅度提高。

五、育种繁育管理系统

在动物繁育过程中，智能化的繁殖监测管理是提高繁殖效率或畜牧生产效率的重要手段。畜禽育种繁育管理系统主要运用传感器技术、预测优化模型技术、射频识别技术，根据基因优化原理，科学监测母畜发情周期，实现精细投喂和数字化管理，从而提高种畜和母畜繁殖效率，缩短出栏周期，减少繁殖家畜饲养量，进而降低生产成本和饲料占用量。下面以母猪繁育为例，说明育种繁育管理系统的主要功能。

(一)母猪发情监测

母猪发情监测是母猪繁育过程中的重要环节，错过了时间将会降低繁殖能力。要提高畜禽的繁殖率，首先要清楚地监测畜禽的发情期。如果仅仅是依靠人工观察，或者是凭一般的养殖经验来对畜禽发情期识别，不仅费时费力，而且会导致农场管理混乱，不能有效地鉴别畜禽的正常发情，造成错过畜禽的最佳配种时期，对于提高繁殖率很是不利的。因此，实现自动化监测，及时发现发情期是提高畜禽繁殖能力的关键环节。

母猪发情监测子系统采用塑料二维耳标(RFID电子标签)对猪个体进行标识，采用视频技术24小时不间断监测母猪个体活动情况，通过传感器监测母猪体温；系统根据采集到的各种数据进行综合分析，当达到系统设置的发情指标后及时给出发情提示信息；系统会根据动物繁殖特点，综合各方面的因素进行综合判断，从而给出配种时间，以指导管理人员在规定的时间内给动物配种。母猪发情监测子系统还需对配种和育种的猪圈环境进行监控，为动物繁殖提供最适宜的环境。

(二)母猪饲养智能化管理

以无线射频识别RFIDS电子标签，在群养环境下对怀孕母猪进行单体精确饲喂，解决母猪精确喂料的问题。母猪饲养智能化管理子系统自动识别母猪的饲喂量，并根据母猪精细投喂决策模型，对母猪单独饲喂，确保母猪在完全无应激的状态下进食，而且达到精确饲喂，有效控制母猪体况，也减少饲料浪费。

(三)种猪信息化管理

建立种猪数据库，其数据包括体况数据、繁殖与育种数据、免疫记录、饲料与兽药的使用记录等，其主要功能包括对猪群结构、核心群的种猪进行历史配种、产仔和断奶性能的分析统计，对各种繁殖状态和周期性参数的可视化分析，尤其包括对繁殖母猪的精准喂养，通过对种猪进行信息化管理，将会提高繁殖母猪的繁殖效率和服务年限，降低种猪生产的成本，提高仔猪的成活率。同时，种猪数字化管理也为动物溯源系统提供了数据基础。

六、疾病诊治与预警系统

畜禽疾病诊治与预警系统是针对畜禽疾病发生频繁、经济损失较大等实际问题，从畜禽疾病早预防、早预警的角度出发，在对气候环境、养殖环境、病源与畜禽疾病发生的关系研究的基础上，确定各类病因预警指标及其对疾病发生的可能程度，根据预警指标的等级和疾病的危害程度，研究并建立畜禽疾病三级预报预警模型；根据多病因、多疾病的畜禽疾病发生与传播机理，提出了基于语义的畜禽病害远程诊断方法，为畜禽病害诊治提供科学的在线诊断和预警方法，实现畜禽养殖疾病精确预防、预警、诊治。系统主要包括如下功能。

（一）畜禽疾病诊治

采用人工智能、移动互联、M2M、呼叫中心等现代信息技术，根据多病因、多疾病的疾病发生与传播机理，构建了“症状－疾病－病因”的因果网络模型，并转化为“症状－疾病”和“疾病－病因”的集合问题，采用模糊数学和覆盖集理论以及现代优化算法求解。该模型可以得到有效的疾病范围、疾病发生可能性和相应的病因分析，诊断结论可以指导用户有针对性地进行疾病防治。

畜禽疾病诊治系统由案例维护模块、诊断推理模块、数值诊断知识维护模块、用户界面四部分组成。其中，用户界面提供人机交互和诊断、治疗、预防结果显示等功能；案例维护和数值诊断知识维护是系统后台的知识库的管理模块，这两部分是由系统管理员和疾病专家根据实际得到的案例、案例诊断过程中复用的案例和数值诊断的知识对其进行增加、修改和删除等操作；诊断推理模块是根据畜禽养殖用户通过界面输入的畜禽疾病症状信息，通过案例诊断和数值诊断，对疾病进行综合推理并得出结论，最后将诊断结果返回给用户。

（二）畜禽疾病预警

通过对畜禽疫病的流行病学、应用数学、预警科学等跨学科研究的基础上，分析畜禽疾病的特点。在分析畜禽疫病的产生、流行规律及其分布特征基础上，确定疫病监测指标及其获取方法、预警模型，为畜禽养殖提供一个有效的疫病预警信息平台。畜禽疫病预警系统的主要功能包括：知识咨询模块、疫病预警模块和系统维护模块，每个功能模块又由若干个子模块组成。畜禽疾病预警功能模块如图 2-35 所示。

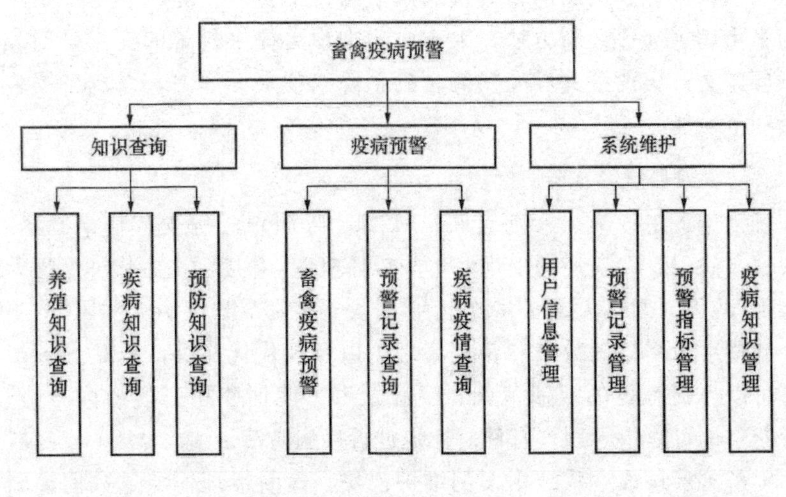

图 2-35

畜禽疫病预警模块中预警模型建立的基本步骤是：首先，通过文献分析和与专家交流的方式确定影响疫情发生的预警指标；其次，确定每个预警指标的权重大小；最后，建立预警警级与预警预案的知识库。当用户输入相应的疫情信息时，系统可以根据每一指标的权重和单个指标级别的对应关系得出综合警级大小的数值，然后通过查询所建的知识库得出预警警级和预警预案信息。

第十一节　水产养殖物联网应用

水产养殖物联网是农业物联网的一个重要应用领域，是指采用先进传感技术、智能传输技术、智能信息处理技术，通过对养殖水质及环境信息的智能感知，安全可靠传输，智能处理以及控制机构的智能控制，实现对水质和环境信息的实时在线监测、异常报警与水质预警和智能控制，健康养殖过程精细投喂，疾病实时预警与远程诊断，改变我国传统水产养殖业存在的养殖现场缺乏有效监控手段、水产养殖饵料和药品投喂不合理、水产养殖疾病频发的问题，促进水产养殖业生产方式转变，提高生产效率，保障食品安全，实现水产养殖业生产管理高效、生态、环保和可持续发展。本章首先阐述了水产养殖物联网总体架构，重点论述了水产养殖环境监控、精细喂养决策、疾病预警与远程诊断三部分内容，以期使读者对水产养殖物联网有一个清晰的认识。

一、概述

我国是水产养殖大国，水产品总量连续 20 余年位居世界第 1 位，2010 年我国水产品总产量已达 5373 万吨，占世界水产品养殖总量的 70%，水产品进出口总量达 716.06 万吨，进出口总额达 203.64 亿美元，水产养殖业在改善民生增加农民收入方面发挥了重要作用。但我国水产养殖业发展还主要依靠粗放式的养殖模式，增长速度的提高是以消耗和占用大量资源为代价的，这一模式导致生态失衡和环境恶化的问题已日益显现，细菌、病毒等大量滋生和有害物质积累给水产养殖业带来了极大的风险和困难，粗放式养殖模式难以持续性发展。另外，在水产品养殖过程中缺乏对水质环境的有效监控，养殖过程中不合理投喂和用药极大地恶化了养殖产品的生存和生长环境，加剧了水产养殖过程疾病的发生，使水产养殖业经常蒙受重大损失。当前我国已进入由传统渔业向现代渔业转变的关键时期，现代渔业要求养殖模式由粗放式放养向精细化喂养转变，以工厂化养殖和网箱养殖为代表的集约化养殖模式正逐渐取代粗放式放养模式，但集约化养殖模式需要对水产养殖环境进行实时调控、对养殖过程饵料投喂和用药进行科学管理、对养殖过程疾病预防预警进行科学管控，这需要以信息化、自动化和智能化技术为保障。物联网技术可以有效地提升现代水产养殖业的信息化、自动化水平，将其与集约化养殖模式相结合是现代水产养殖业发展的重要方向。

水产养殖环境智能监控通过实时在线监测水体温度、pH 值、DO、盐度、浊度、氨氮、COD、BOD 等对水产品生长环境有重大影响的水质参数，太阳辐射、气压、雨量、风速、风向、空气温湿度等气象参数，在对所检测数据变化趋势及规律进行分析的基础上，实现对养殖水质环境参数预测预警，并根据预测预警结果，智能调控增氧机、循环泵等养殖设施，实现水质智能调控，为养殖对象创造适宜水体环境，保障养殖对象健康生长。挪威、德国、美国、法国、丹麦等国基本上能利用物理、化学和生物的手段对水质进行自动调控，从而达到 HACCP 操作规程。欧美和日本早在 80 年代就开始使用连续多参数的水质测定仪，使水质监测完全实现了自动化。国外主要是利用现场总线方式对水温、水位、pH 值、DO、盐度、浊度进行在线自动控制。我国于 1988 年设立了第一个水质连续自动监测系统，所用仪表设备多为进口，价格昂贵，运转费也较高，主要用于水利和环保等领域。近年来，国内不少科研单位对工厂化养殖的水质自动监测进行了大量的研究，也取得了很多阶段性成果。

水产品科学喂养技术是水产养殖中最重要的技术之一。水产品的营养研究和科学喂养的发展对集约化水产养殖发展、节约资源、降低成本、减少污染和病害发生、保证水产品食用安全，促进水产养殖的持续、健康发展具有重要的意义。精细投喂智能决策系统，以鱼、虾、蟹在各养殖阶段营养成分需求，根据各养殖品种长度与重量关系，光照度、水温、溶氧量、养殖密度等因素与鱼饵料营养成分的吸收能力、饵料摄取量关系，借助养殖专家经验建立不同养殖品种的生长阶段与投喂率、投喂量间定量关系模型。利用数据库建库技术，对水产品精细饲养相关的环境、群体信息进行管理，建立适合不同水产品的精细投喂决策系统，解决喂什么、喂多少、喂几回等精细喂养问题，而且也能为水产品质量追溯提供数据资料。

水产疾病预警与远程诊断系统从水产品疾病早预防、早诊治的角度出发，在对气候环境、水环境和病源与鱼、虾、蟹等水产品疾病发生的关系研究的基础上，确定各类病因预警指标及其对疾病的发生的可能程度，建立水产品预警指标体系，根据预警指标的等级和疾病的危害程度，建立水产品疾病预警模型，建立疾病诊断推理网络关系模型，建立水产品典型疾病图像特征数据库，实现水产养殖疾病精确预防、预警、诊治。

二、水产养殖物联网总体架构

水产物联网面向水产养殖领域的应用需求，通过集成水产养殖信息智能感知技术及设备、无线传输技术及设备、智能处理技术，实现鱼、虾、蟹等的养殖环境监控、智能精细饲喂、疾病诊治、养殖环境控制。水产养殖物联网总体架构如图 2-36 所示，主要由养殖环境信息智能监控终端、无线传感网络、现场及远程监控中心、云信息服务系统等部分组成。

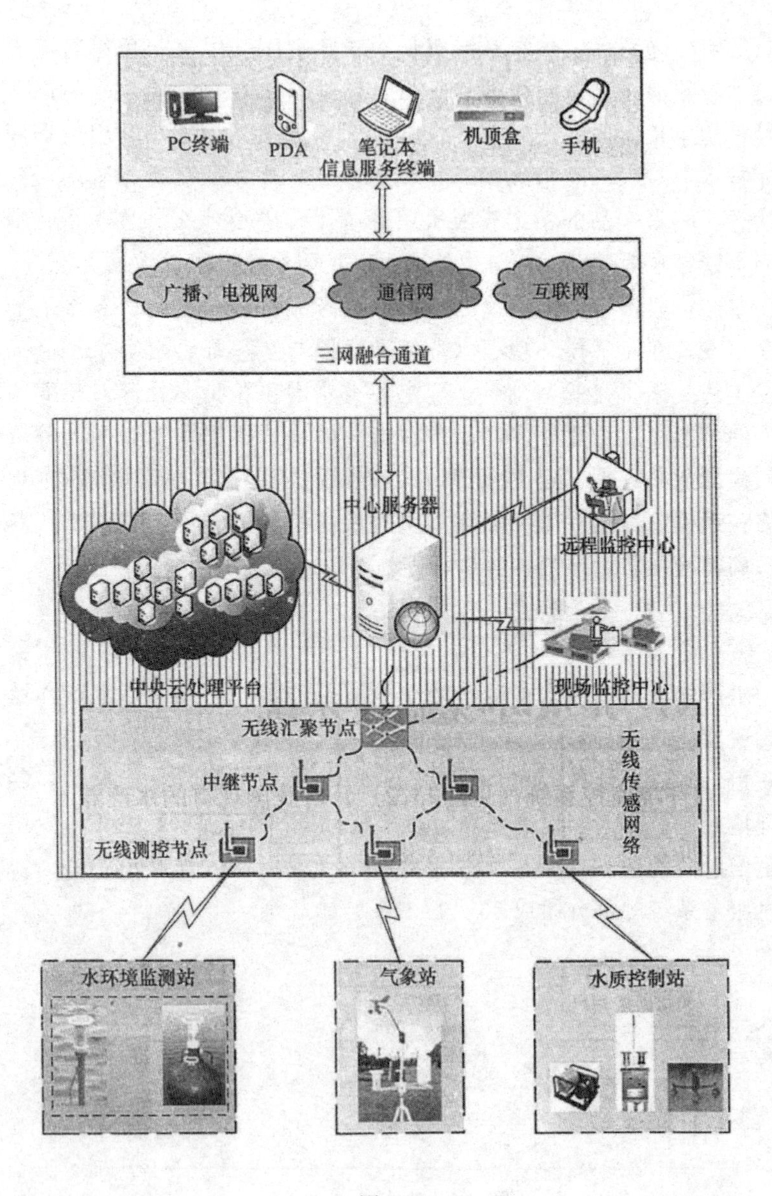
PC终端
PDA
笔记本
信息服务终端
机顶盒
手机
广播、电视网
通信网
互联网
三网融合通道
中心服务器
远程监控中心
中央云处理平台
现场监控中心
无线汇聚节点
中继节点
无线测控节点
无线传感网络
水环境监测站
气象站
水质控制站

图 2-36

(一)养殖环境信息智能监控终端

养殖环境信息智能监控终端包括无线数据采集终端、智能水质传感器、智能控制终端，主要实现对溶解氧、pH 值、电导率、温度、氨氮、水位、叶绿素等各种水质参数的实时采集、处理与增氧机、投饵机、循环泵、压缩机等设备智能在线控制。

(二)无线传感网络

无线传感网络包括无线采集节点、无线路由节点、无线汇聚节点及网络管理系统，采用无线射频技术，实现现场局部范围内信息采集传输，远程数据采集采用 2G、3G 等移动通信技术，无线传感网络具有自动网络路由选择、自诊断和智能能量管理功能。

(三)现场及远程监控中心

现场及远程监控中心分别依托无线传感网络和具有 GPRS/GSM 通信功能的中心服务器与中央云处理平台，实现现场及远程的数据获取、系统组态、系统报警、系统预警、系统控制等功能。

1. 云信息服务系统

中央云处理平台是专门为现场及远程监控中心提高云计算能力的信息处理平台，主要提供鱼、蟹等各种养殖品种的水质监测、预测、预警、疾病诊断与防治、饲料精细投喂、池塘管理等各种模型和算法，为用户管理提供决策工具。

三、水产养殖环境监控系统

水产养殖环境监控系统(见图 2-37)针对我国现有的水产养殖场缺乏有效信息监测技术和手段，水质在线监测和控制水平低等问题，采用物联网技术，实现对水质和环境信息的实时在线监测、异常报警与水质预警，采用无线传感网络、移动通信网络和互联网等信息传输通道，将异常报警信息及水质预警信息及时通知养殖管理人员。根据水质监测结果，实时调整控制措施，保持水质稳定，为水产品创造健康的水质环境。

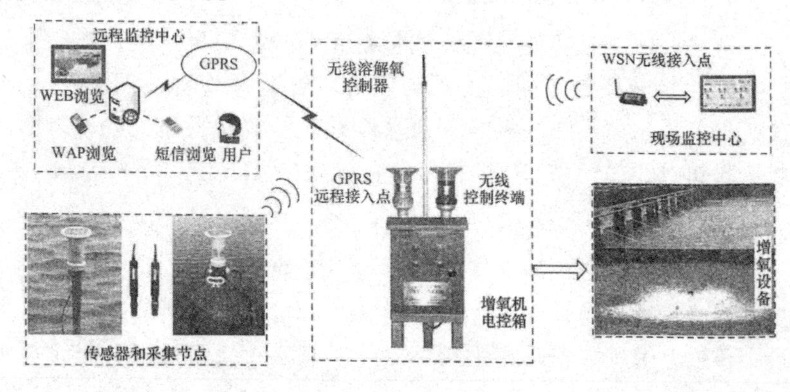

图 2-37

（一）智能水质传感器

针对水质传感器多为电化学传感器，其输出受温度、水质、压力、流速等因素影响，传统传感器有标定、校准复杂，适用范围狭窄，使用寿命较短等缺点，采用 IEEE1451 智能传感器设计思想，使传感器具有自识别、自标定、自校正、自动补偿功能；智能传感器还具有自动采集数据并对数据进行预处理功能、双向通信、标准化数字输出等其他功能。

智能水质传感器的硬件结构框图如图 2-38 所示，它由信号检测调理模块、微控制器、TEDS 电子表格、总线接口模块、电源及管理模块构成。微控制器采用 TI 公司生产的 MSP430F149，它是 16 位 RISC 结构 FLASH 型单片机，配备 12 位 A/D、硬件乘法器、PWM、USART 等模块，使得系统的硬件电路更加集成化、小型化；多种低功耗模式设计，在 1.8～3.6V 电压、1 MHz 的时钟条件下，耗电电流在 0.1～400μA 之间，非常适合于低功耗产品的开发。信号调理电路和总线接口模块均采用低电压低功耗技术，配合高效的能源管理，使整个智能传感系统可以在电池供电条件下长期可靠工作。

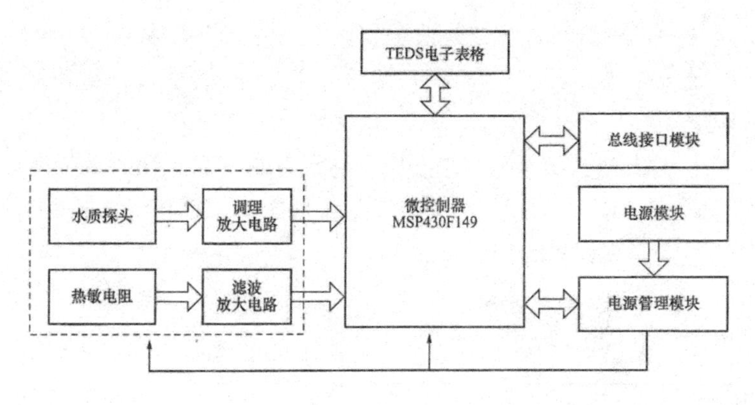

图 2-38

传感器测量范围与精度：

1)水温：0～50℃，±0.3℃。

2)酸碱度(pH 值)：0～14，±3%。

3)电导度(EC)：0～100mS/cm，±3%。

4)溶解氧(DO)：0～20mg/L，±3%。

5)氧化还原电位(ORP)：－999～999mV，±3%。

6)气温：－20～50℃，±0.31℃。

7)相对湿度：0～100%，±3%。

8)光照度：0～30000Lux，±50Lux。

智能水质传感器主要特点如下：

• 采用 IEEE1451 智能传感器设计思想，将传感器分为 STIM 智能变送模块和 NCAP 网络适配器两部分。

• STIM 内含丰富的 TEDS 电子数据表格，实现变送器的智能化。

• STIM 内置标定曲线以及 Channel TEDS，直接输出被测工程值。

• 内置温度传感器以及 Calibration TEDS 实现 0～40℃范围内温度补偿。

• 校准参数可以在线修改，方便实现智能传感器的自校准。

• 工作电压 2.7～3.3V，配合低功耗管理模式，适用于电池供电。

• IP68 防护等级，可以长时间在线测量不同水深的水质参数。

• STIM 与 NCAP 用 RS485 总线相连，NCAP 可自动识别传感器类型，实现即插即用。

（二）无线增氧控制器

无线溶解氧控制器是实现增氧控制的关键部分，它可以驱动叶轮式、水车式或微孔曝气空压机等多种增氧设备。无线测控终端可以根据需要配置成无线数据采集节点及无线控制节点。无线控制节点是连接无线数据采集节点与现场监控中心的枢纽，无线控制节点将无线采集节点采集到的溶解氧智能传感器及设备信息通过无线网络发送到现场监控中心；无线控制节点还可接收现场监控中心发送的指令要求，现场控制电控箱，电控箱输出可以控制 10kW 以下的各类增氧机，实现溶解氧的自动控制。

无线测控终端的设计遵循 IEEE802.15.4 协议，根据应用场合不同可以分为采集终端和控制终端。测控终端的主控电路模块包括微处理器、输入输出模块、数据存储模块和无线通信模块四大部分，可实现对智能传感器和输出继电器的控制，以及数据预处理、存储和发送的功能。主电路模块使用低功耗无线芯片作为微处理器，适用于电池供电的设备。图 2-39 为无线增氧控制系统实物图。

（三）水产养殖无线监控网络

无线传感网络可实现 2.4GHz 短距离通信和 GPRS 通信，现场无线覆盖范围 3km；采用智能信息采集与控制技术，具有自动网络路由选择、自诊断和智能能量管理功能。

• 采用自适应高功率无线射频电路设计，无线传感网络发送功率达到 100mW，接收灵敏度从 －96DBm 提高到 －102DBm，现场可

1. 水质监测点 1　2. 水质监测点 2　3. 水质控制点 1　4. 水质控制点 2
5. 现场监控中心　6. 中继节点　7. 视频监控设备

图 2-39

视条件下，射频通信距离达到 1000m。

• 采用集中式路由算法和 UniNet 协议，可靠路由达到 10 级。

• 采用智能电源综合管理技术，提升节点装置的适应性和低能耗性能设备能量使用寿命延长 5～10 倍。

• 采用无线网络自诊断规程，实现无线网络运行状态监视和故障报警。

图 2-40 为无线传感器网络示意图。

（四）水质智能调控系统

水质是水产养殖最为关键的因素，水质好坏对水产养殖对象的正常生长、疾病发生甚至生存都起着极为重要的作用，因而在水产养殖场的管理中，水质管理是最为重要的部分。目前，大多数养殖户对水中溶解氧含量的判断主要来自经验，即通过观察阳光、气温、气压，判定水中溶解氧含量的高低，并控制增氧机是否开启增氧；少数渔业养殖户借助便携仪表来测量水中溶解氧的浓度，此法通过

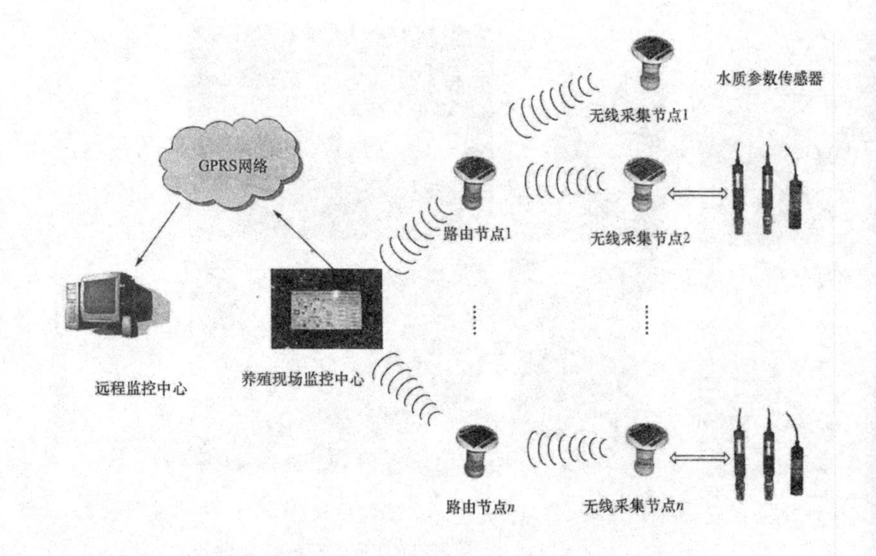

图 2-40　无线传感器网络示意图

直接测量，比纯经验的方法优越。但两种方法都存在工作强度大、人工成本高的问题。另外，增氧机开机时间的长短通常也是按经验来控制的，这种比较落后的养殖技术不仅不能保证水产品在较高的溶氧环境下快速生长，提高饲料的转化率，而且在增氧机的使用上也比较费电，增加了生产成本。为了更加有效的进行水质管理，通过集成水产养殖水质信息智能感知技术、无线传输技术、智能信息处理技术，开发水产养殖水质智能调控系统，实现对水质实时监测、预测、预警与智能控制。

由于水质溶解氧变化受多重因素制约，存在着较大滞后，当发现溶氧较低时已来不及采取措施，因此需要提前预测溶氧变化趋势及规律，以便实时开启增氧机等设备，保持水体水质稳定。通过对水产养殖物联网实时监测溶氧、温度、pH 值、盐度、水温、气压、空气温湿度、光照数据进行分析，揭示水质参数变化趋势及规律，采用智能算法实现对水质溶解氧等参数变化趋势预测预警，以解决水质参数预测难题。在水质预测的基础上，设计了基于规则的水质预警模型，如图 2-41 所示。

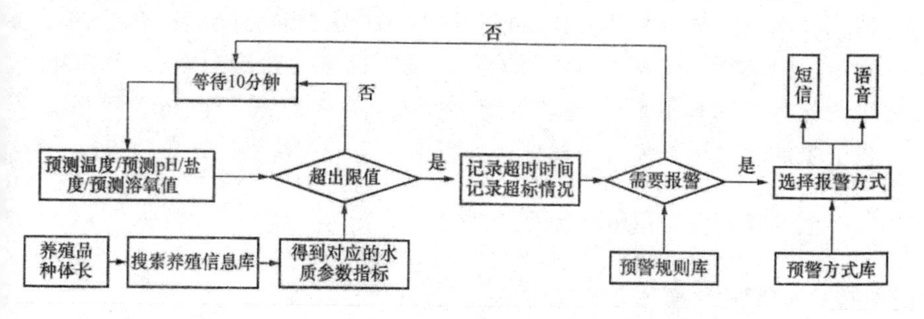

图 2-41 水质预警流程

针对水质智能调控问题，选取实时溶氧量(RV)和实时溶氧变化量(RD)作为控制器的输入，输出变量为增氧时间(T)，再选取相应的模糊控制规则，即可以获得较好的动态特性和静态品质，且不难实现，可以满足系统的要求。模糊控制器的结构原理如图 2-42 所示。

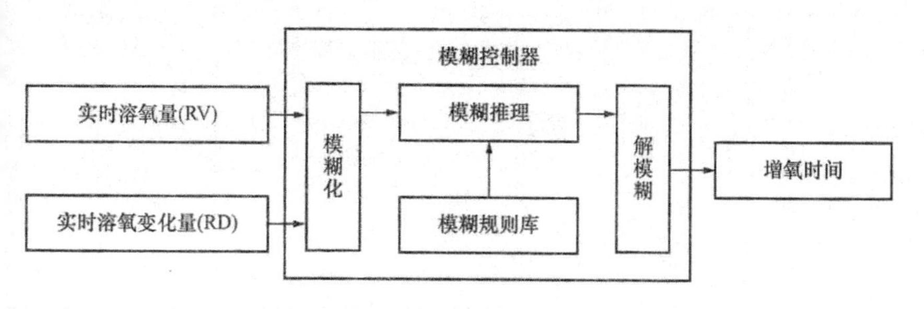

图 2-42 模糊控制器的结构原理图

四、精细喂养管理系统

饵料投喂是水产养殖中的关键环节，不正确的投喂方法，易导致单产低、病害多、经济效益差。饵料是造成水产养殖区水质富营养化的主要原因，对养殖水体污染严重，同时还增加了投入成本。饵料过少又导致养殖品种生长过慢，不能满足养殖品种的生理需要。精细喂养决策是根据各养殖品种长度与重量关系，通过分析光照度、水温、溶氧量、浊度、氨氮、养殖密度等因素与鱼饵料营养成分的吸收能力、饵料摄取量关系，建立养殖品种的生长阶段与投喂率、投喂量间定量关系模型，实现按需投喂，降低饵料损耗，节约成本。

五、疾病预警远程诊断系统

（一）疾病预警系统

疾病预警系统分为水环境预警模块、非水环境预警模块、症状预警模块三个部分，其中水环境预警包括对当前水质的评价预警，以及对未来水质预测后的评价预警，即水环境状态预警和趋势预警，图 2-43 为疾病预警系统结构。下面分别对这些模块进行介绍。

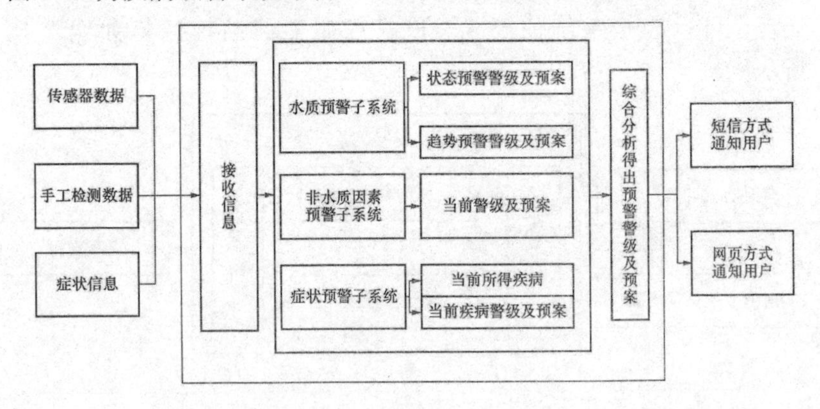

图 2-43　疾病预警系统结构

①水环境预警模块利用专家调查方法，确定集约化养殖的主要影响因素为溶氧、水温、盐度、氨氮、pH 值等水环境参数为准的预测预警。对于养殖来说，对水环境有特定的要求，因此，对于每一个影响因子，需要根据专家调查的方法，综合多个水产养殖专家的

意见，来确定每个水质参数的无警、中警、重警的边界点，进而确定每一个警级的警级区间。然后按照参数的警级区间进行排列组合，并参考多个专家的意见确定每一种情况的警级大小和预警预案。

②水环境趋势预警模块利用 BP 神经网络与遗传算法相结合的方法，根据当前水环境各个参数数值，预测两个小时或三个小时后的水环境各个参数数值，然后再利用状态预警的方法得出两个小时和三个小时后的警级大小和预警预案。

③非水环境预警模块通过对饵料质量、鱼体损伤等因素的评价，确定当前的警级大小和预警预案。其中鱼体损伤根据无损伤、轻损伤和重损伤所占百分比来确定此因素的警级区间，而其他因素则同样按专家调查方法确定每个因素的警级区间，非水环境预警主要是对单因子进行评价，当某一个因素超过确定的警限就输出相应的预警预案。

④症状预警模块包括疾病诊断和疾病预警两部分。首先根据专家知识得出不同疾病在不同发病率的警级大小。当用户输入症状时，对疾病进行诊断，得出疾病诊断结果，然后再根据用户所输的有此症状的发病率来确定症状预警警级的大小。其中疾病的诊断采用基于知识与基于案例相结合的方法。

（二）疾病诊断系统

疾病诊断系统的结构图如图 2-44 所示，由用户界面、案例维护模块、诊断推理模块和数值诊断知识维护模块四部分组成。其中，用户界面提供人机交互和诊断、治疗、预防结果显示等功能；案例维护和数值诊断知识维护是系统后台的知识库的管理模块，这两部分是由系统管理员和疾病专家根据实际得到的案例、案例诊断过程中复用的案例和数值诊断的知识对其进行增加、修改和删除等操作；诊断推理模块是根据水产养殖用户通过界面输入某品种的疾病症状信息，通过案例诊断和数值诊断，对疾病进行综合推理并得出结论，最后将诊断结果返回给用户。两种诊断方法所用到的知识信息分别从案例库和数值诊断知识库中得到。

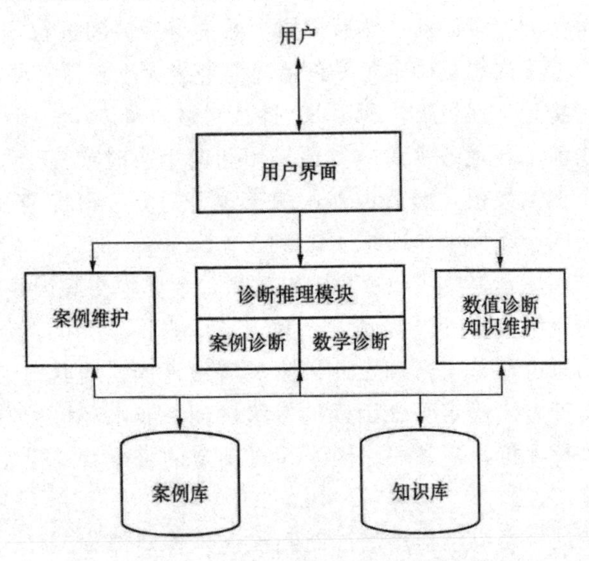

图 2-44　疾病诊断的系统结构图

2010 年，宜兴市抢抓物联网发展的重大机遇，在全省率先提出感知农业设想，按照“引人才、建园区、上项目”的总体思路，积极引进中国农业大学和北京中农信联科技有限公司研发的水产养殖环境智能监控系统，实现了数据实时自动采集、无线传输、智能处理和预测预警信息发布、辅助决策等功能，可实现对河蟹养殖池水质特别是溶解氧的监控与调节，有效改善河蟹生长环境，提高河蟹产量和品质，和原来相比，河蟹产量提高 15%，每亩增收 1000 元；同时减轻了以往农户半夜起床给蟹塘增氧的负担，实现了农户的“幸福养蟹”。

第十二节　农产品物流物联网应用

农产品物流物联网是农业物联网的一个重要应用领域，是以食品安全追溯为主线，应用电子标签技术、无线传感技术、GPS 定位技术和视频识别技术等感知技术，应用无线传感网络、3G网络、有线宽带网络、互联网等网络技术，把农产品生产、运输、仓储、智能交易、质量检测及过程控制管理等节点有机结合起来，建立基于物联网的农产品物流信息网络体系，从而达到提高农产品物流整体效率、优化农产品物流管理流程、降低农产品物流成本、实现农产品电子化交易和有效追溯，让消费者实时了解食品从农田或养殖场到餐桌的安全状况的目的。本章重点阐述了农产品配货管理、农产品质量追溯、农产品运输管理和农产品采购交易四部分内容，以期使读者对农产品物流物联网有一个清晰的认识。

一、概述

随着现代物流业的飞速发展，运用物联网技术把农产品生产管理、运输管理、仓储管理、智能交易管理、质量检测管理及过程控制管理等节点有机结合起来，建立基于物联网的农产品物流信息网络体系，不仅能降低农产品物流成本，实现农产品电子化交易，推进传统农产品交易市场向现代化交易市场的整体改造，而且能提高农产品(食品)质量安全，实现农产品(食品)安全的有效追溯，实时了解食品从农田或养殖场到餐桌的安全状况。本节对农产品物流物联网的内涵、特点、系统技术需求及发展趋势进行阐述。

(一)农产品物流物联网的内涵

农产品流通是指为了满足消费者需求，实现农产品价值而进行的农产品物质实体及相关信息从生产者到消费者之间的物理性经济活动。具体地说，就是以农业产出物为对象，包括农产品产后采购、运输、储存、装卸、搬运、包装、配送、流通加工、分销、信息处理等物流环节，并且在这一过程中实现农产品价值增值和组织目标。农产品流通的方向主要是从农产品产地到农产品的消费地，由于农产品的主要消费群体是在城镇，因此农产品一般是农村流向城镇。

农产品物流物联网是以食品安全追溯为主线，集农产品生产、收购、运输、仓储、交易、配货于一体的物联网技术的集成应用。应用电子标签技术、无线传感技术、GPS定位技术和视频识别技术等，构建各流通环节的智能信息采集节点，通过无线传感网络、3G网络、有线宽带网络、互联网等网络技术，将各个节点有机地结合在一起，通过数据库技术、智能信息处理技术，对农产品生产、加工、运输、仓储、包装、检测和卫生等各个环节进行监控，建立可追溯的完整供应链数据库。物联网技术在农产品物流过程的集成应用，可以提高基础设施的利用率，降低农产品物流货损值，提高农产品物流整体效率，优化农产品物流管理流程，降低库存成本，实现农产品从农田(养殖基地)到餐桌的全过程、全方位可溯源的信息化管理。

(二)农产品物流物联网的特点

农产品不同于一般工业产品，具有以下特点：农产品具有生物属性，如蔬菜、水果、农畜产品等，在采摘和屠宰后具有鲜活性、易腐性，这个特性常常使农产品的价值容易流失；农产品生产具有明确的季节性、集中性，供给反应迟滞，农业生产者不能在一个年度内均衡分布生产能力，只能随着自然季节的变化在某一个特定季节内集中生产某一个品种，导致同一种农产品的市场供给具有明显的季节性和集中性的特点，成熟季节集中大量上市，而其他季节又供应不足；农产品生产的地域分散性，农产品生产由于受自然地理条件的约束，地域性特点非常突出，这个特性造成农产品生产地与消费地的隔离。针对农产品的特点，现代农产品物流是以先进的物联网信息感知技术为基础，注重服务、人员、技术、信息与管理的综合集成，是现代生产方式、现代经营管理方式、现代信息技术相结合在农产品物流领域的综合体现。农产物流物联网具有如下特点。

1. 农产品供应链的可视化

农产品流通数量庞大，我国农产品无论数量之大，还是品种之多在世界上都名列前茅。这些农产品除农民自用以外，大部分都要变成商品，从而形成巨大数量的农产品流通。通过在供应链全过程中使用物联网技术，从农产品生产、农产品加工、供应商到最终用户，农产品在整个供应链上的分布情况以及农产品本身的信息都完全可以实时、准确地反映在信息系统中，增加了农产品供应链的可视性，使得农产品的整个供应链和物流管理过程变成一个完全透明的体系。快速、实时、准确的信息使得整个农产品供应链能够在最短的时间内对复杂多变的市场做出快速的反应，提高农产品供应链对市场变化的适应能力。

2. 农产品物流信息采集自动化

由于农业生产的季节性，农业生产点多面广，消费农产品的地点也很分散，农产品的运输都具有时间性强和地域分布不均衡性的特点，同时由于信息交流的制约，农产品流通流向还会出现对流、倒流、迂回等不合理运输现象。各种农产品的收获季节也是农产品的紧张运输期，在其他时间运输量就小得多，这就决定了农产品运输在农产品流通中的重要地位，要求运输工具的配备和调动与之相适应。农产品物流物联网系统在整个农产品供应链管理、设备保存、车流交通、加工工厂生产等方面，实现信息采集、信息处理的自动化，为用户提供实时准确的农产品状态信息、车辆跟踪定位、运输路径选择、物流网络设计与优化等服务，也可以利用传感器监测追踪特定物体，包括监控货物在途中是否受过震动、温度的变化对其是否有影响、是否损坏其物理结构等，大大提升物流企业综合竞争能力。

3. 农产品物流企业资产管理智能化

农产品自身的生化特性和食品安全的需要决定了它在基础设施、仓储条件、运输工具、质量保证技术手段等方面具有相对专用的特性。在农产品储运过程中，为使农产品的使用价值得到保证，需采取低温、防潮、烘干、防虫害、防霉变等一系列技术措施。它要求有配套的硬件设施，包括专门设立的仓库、输送设备、专用码头、专用运输工具、装卸设备等。并且为了确保农产品品质，在农产品流通过程中的发货、收货以及中转环节都需要进行严格的质量控制，达到规定要求。这是其他非农产品流通过程中所不具备的。在农产品物流企业资产管理中使用物联网技术，对运输车辆等设备的生产运作过程通过标签化的方式进行实时的追踪，便可以实时地监控这些设备的使用情况，实现对企业资产的可视化管理，有助于企业对其整体资产进行合理的规划应用。

4. 农产品物流组织规模化

我国是一个以农户生产经营为基础的农业大国，大多数农产品是由分散的农户进行生产的，相对于其他市场主体，分散农户的市场力量非常薄弱，他们没有力量组织大规模的农产品流通。基于物联网技术的农产品物流系统能够实现农产品物流管理和决策智能化，实现农产品物流的有效组织。例如库存管理、自动生成订单、优化配送线路等。与此同时，企业能够为客户提供准确、实时的物流信息，并能降低运营成本，实现为客户提供个性化服务，大大提高了企业的客户服务水平。

5. 农产品物流具有一定的预期性

所谓预期是指对和当前决策有关的一些经济变量未来值的估计，是决策者对那些与其决策相关联的不确定的经济变量所作出的相应的预测。而农产品具有一定的预期性则是指生产者能够根据农产品当前的价格以及销售情况来预测来年产品的种植数量。库存成本是物流成本的重要组成部分，因此，降低库存水平成为现代物流管理的一项核心内容。将物联网技术应用于库存管理中，企业能够实时实现农产品盘库、移库、倒库，实时掌握库存信息，从中了解每种农产品的需求模式及时进行补货，结合自动补货系统以及供应商管理库存解决方案，提高库存管理能力，降低库存水平。

（三）农产品物流物联网应用主要技术

根据物联网的特征来划分，物联网主要技术体系包括感知技术体系、通信与网络传输技术体系和智能信息处理技术体系。下面结合其在农产品物流行业应用情况进行分析。

1. 农产品物流常用物联网感知技术

①RFID技术。目前在农产品物流物联网领域，应用最广泛的物联网感知技术是RFID技术及智能手持RF终端产品，RF1D技术主要用来感知定位、过程追溯、信息采集、物品分类拣选等。

②GPS技术。物流信息系统采用GPS感知技术，用于对物流运输与配送环节的车辆或物品进行定位、追踪、监控与管理，尤其在运输环节的物流信息系统，大部分采用这一感知技术。

③视频与图像感知技术。该技术目前还停留在监控阶段，需要人工对图像分析，不具备自动感知与识别的功能，在物流系统中主要作为其他感知的辅助手段。也常用来对物流系统进行安防监控，物流运输中的安全防盗等，往往会与RFID、GPS等技术结合应用。

④传感器感知技术。传感器感知技术及传感网技术是近两年才在物流领域得到应用的技术。传感器感知技术与GPS、RFID等技术结合应用，主要用于对粮食物流系统、冷链物流系统的农产品状态及环境进行感知。传感技术丰富了物联网系统中的感知技术手段，在食品、冷链物流具有广泛应用前景。

⑤扫描、红外、激光、蓝牙等其他感知技术主要用在自动化物流中心自动输送分拣系统，用于对物品编码自动扫描、计数、分拣等方面，激光和红外也应用于物流系统中智能搬运机器人的导引。

2. 农产品物流常用的物联网通信与网络传输技术

在物流系统中，农产品加工企业内部的生产物流管理系统往往是与农产品加工企业生产系统相融合，物流系统作为生产系统的一部分，在企业生产管理中起着非常重要的作用。企业内部物流系统的网络架构，往往都是以企业内部局域网为主体建设独立的网络系统。

在农产品物流公司，由于农产品地域分散，并且货物在实时移动过程中，因此，物流的网络化信息管理往往借助于互联网系统与企业局域网相结合应用。

在物流中心，物流网络往往基于局域网技术，也采用无线局域网技术，组建物流信息网络系统。

在数据通信方面，往往是采用无线通信与有线通信相结合。

3. 农产品物流物联网常用的智能处理技术

以物流为核心的智能供应链综合系统、物流公共信息平台等领域，常采用的智能处理技术有智能计算技术、云计算技术、数据挖掘技术、专家系统等智能技术。

(四)农产品物流物联网发展趋势

在信息采集与监测方面，目前在农产品物流业应用较多的感知手段主要是 RFID 和 GPS 技术，今后随着物联网技术发展，传感技术、蓝牙技术、视频识别技术、M2M 技术等多种技术也将逐步集成应用于现代农产品物流领域，用于现代农产品物流作业中的各种感知与操作。例如温度的感知用于冷链物流，侵入系统的感知用于物流安全防盗，视频的感知用于各种控制环节与物流作业引导等。

在农产品物流过程的可视化智能管理网络系统方面，采用基于 GPS 卫星导航定位技术、RFID 技术、传感技术等多种技术，对农产品物流过程中实时实现车辆定位、运输物品监控、在线调度与配送可视化与管理，建立农产品冷链的车辆定位与农产品温度实时监控系统等，实现物流作业的透明化、可视化管理。

在农产品物流配送中心智能化建设方面，基于传感、RFID、声、光、机、电、移动计算等各项先进技术，建立全自动化的物流配送中心，建立物流作业的智能控制、自动化操作的网络，可实现物流与生产联动，实现商流、物流、信息流、资金流的全面协同。例如一些先进的自动化物流中心，就实现了机器人码垛与装卸，采用无人搬运车进行物料搬运，自动输送分拣线开展分拣作业，出入库操作由堆垛机自动完成，物流中心信息与企业ERP系统无缝对接，整个物流作业与生产制造实现了自动化、智能化。

二、农产品物流物联网系统总体架构

（一）总体技术架构

结合农产品物流的特点，以物联网的DCM（Devices、Connect、Manage）三层架构来建立完整的农产品物流物联网应用系统，每层架构应用最先进的物联网技术，并始终体现云计算和云服务“软件即服务”的思想，并在实现效果和设计理念上体现可视化、智能化、个性化、一体化的特点。农产品物流物联网整体技术架构如图2-45所示。

农产品物流物联网的网络拓扑结构如图2-46所示。

（二）技术特点分析

物联网是通过智能感应装置采集物体的信息，经过传输网络，到达信息处理中心，最终实现物与物、人与物之间的自动化信息交互与处理的智能网络。它包括了感知层、网络传输层和应用层三个层次。方案充分考虑可视化、智能化、个性化、一体化的需求，通过技术集成和研发相结合，保证方案技术先进性和产品的实用性。

1. 农产品物流物联网感知层

作为农产品物流物联网的农产品状态探测、识别、定位、跟踪和监控的末端，末端设备及子系统承载了将农产品的信息转换为可处理的信号，其主要包括传感器技术、RFID（射频识别）技术、二维码技术、多媒体(视频、图像采集、音频、文字)技术等。

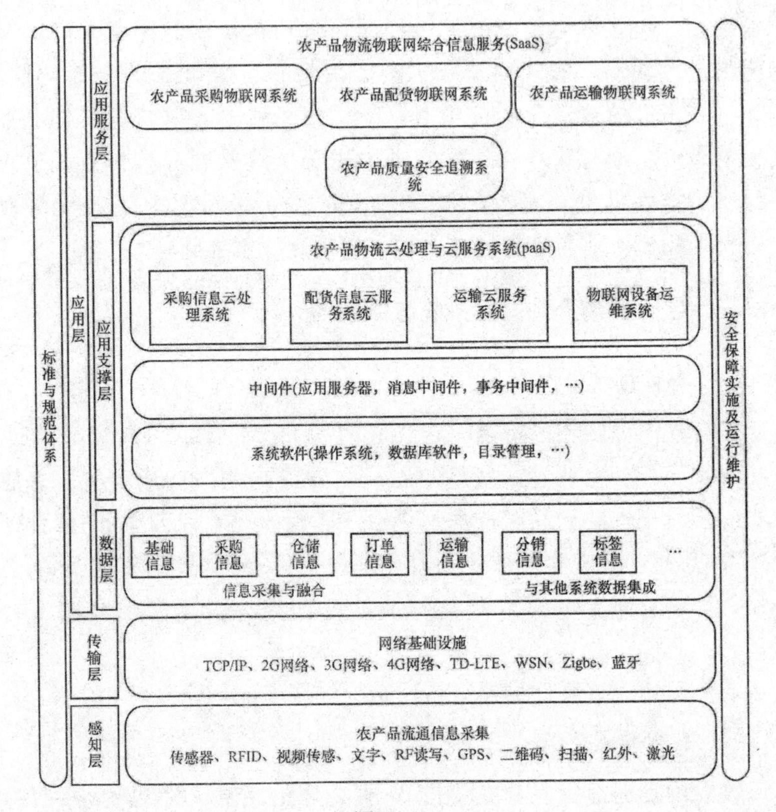

图 2-45

• 在农产品物流中产品识别、追溯方面，常采用的是 RFID 技术、条码自动识别技术。

• 在农产品物流中产品分类、拣选方面，常采用的是 RFID 技术、激光技术、红外技术、条码技术等。

• 在农产品物流中产品运输定位、追踪方面，常采用的是 GPS 定位技术、RFID 技术、车载视频识别技术。

• 在农产品物流中产品质量控制和状态感知方面，常采用传感器技术(温度、湿度等)、RFID 技术与 GPS 技术。

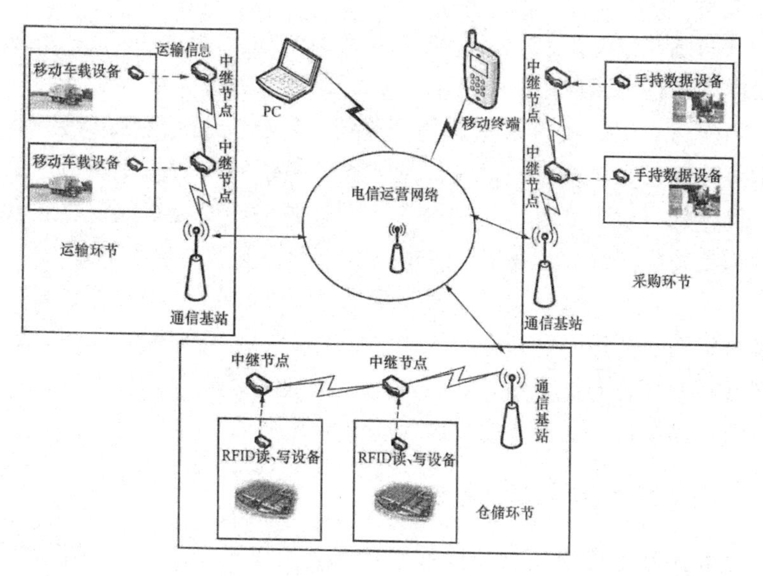

图 2-46

2. 农产品物流物联网传输层

在一定区域范围内的农产品物流管理与运作的信息系统，常采用企业内部局域网技术，并与互联网、无线网络接口；在不方便布线的地方，采用无线局域网络；在大范围农产品物流运输的管理与调度信息系统，常采用互联网技术、GPS 技术相结合，实现物流运输、车辆配货与调度管理的智能化、可视化与自动化；在以仓储为核心的物流中心信息系统，常采用现场总线技术、无线局域网技术、局域网技术等网络技术；在网络通信方面，常采用无线移动通信技术、3G 技术、M2M 技术等。

3. 农产品物流物联网应用层

针对农产品流通物联网信息具有多元、多源、多级、动态变化、数据量巨大等特点，方案充分利用云计算的虚拟化、动态可扩展、按需计算、高效灵活、高可靠性、高性价比的特点。从农产品流通物联网感知信息的获取、存储等云基础处理，采购、配货、运输物联网感知信息云应用服务和农产品流通信息服务云软件服务三个层面，构建农产品物流信息云处理系统、电子交易信息云服务系统、配货信息云服务系统、运输信息云服务系统和农产品流通信息服务系统，进行农产品流通物联网云计算资源的开发与集成，建立农产品物流物联网云计算环境及应用技术体系。

面向农产品流通主体提供云端计算能力、存储空间、数据知识、模型资源、应用平台和应用软件服务，提高农产品物流信息的采集、管理、共享、分析水平，实现农产品流通要素聚集、信息融合，促进农产品物流产业链条的快速形成和拓展。

三、农产品配货管理系统

农产品配货管理物联网系统旨在利用 RFTD、RFID 读写设备、移动手持 RFID 读写设备、移动车载 RFID 读写设备(仓储搬运车辆用)、Wifi/局域网/Internet、IPv6、智能控制等现代信息技术，实现配货过程的仓储管理、分拣管理和发运管理。

(一)农产品配货管理系统主要功能

在仓储管理方面，主要实现收货、质检、入库、越库、移库、出库、货位导航、库存管理、查询、采购单生成等功能。

①收货。仓库在收到上游发到的货物时，按照预先发货清单，对实际到达的货物进行校核的作业过程。经过收货确认之后，所收到的货物才算正式进入库存管理范围，在仓储数据库中被计为库存。收货后，货物被移至收货暂存区。

②质检。对完成收货位于暂存区的货物进行质量检验，对于质检不合格的货物要进行退货处理，并非所有仓储都需要此环节。

③入库。将完成收货(并质检合格)的货物搬运到指定的货位，或者搬运到适当的货位之后，将相关的信息集反馈给仓储管理系统，主要包括入库类型、货物验收、收货单打印、库位分配、预入库信

息、直接入库等功能。入库功能主要借助 RFID 设备实现，当产品进入库房时，在库房入口处安装固定的 RFID 读取设备或通过手持设备自动对入库的货物进行识别，由于每个包装上安装有电子标签，可以识别到单品，同时由于 RFID 的多读性，可以一次识别很多个标签，以便做到快速入库识别。

④越库。最高效、理想的仓库运作模式。完成收货的原托盘直接装车发运。

⑤移库。库存货物在不同货位之间移动，需要采集货物移入和移出的货位信息。

⑥出库。管理对货物的出货进行管理，主要有出库类型、调配、检货单打印、检货配货处理、出库确认、单据打印等功能。

⑦货位导航。出库、入库、盘库时可查看所有要操作器材的所在位置；系统根据车载天线返回的信息，自动判断车所在位置。并在画面中显示出自己所在的位置。系统会根据天线返回的货位号自动判断附近是否有要操作的货位，并给予到达货位、附近有可操作货位等提示。

⑧库存管理。对库存货物进行内部操作处理。主要包括库位调整处理、盘点处理、退货处理、调换处理、包装处理、报废处理等功能。具体实现过程如下：安装有 RFID 电子标签的货物入库后，配合 RFID 手持终端在库内可以方便地进行查找、盘点、上架、拣选处理，随时掌握库存情况，并根据库存信息和库存的下限值生产货物采购订单。

⑨查询。提供对现有仓库库存情况的各种查询方式，如货物查询、货位查询等。

⑩分拣管理系统主要实现分拣、包装的功能。

⑪分拣按照发货要求指示作业人员到指定的货位拣取指定数量的指定农产品的作业。需要采集所需拣取的农产品种类、数量以及货位信息。拣选后可以将经销地、经销商等信息写入 RFID 电子标

签以便方便进行发货识别、市场监管。

⑫包装按照发运的需要，将已捡取的货物装入适当的容器或进行包装，并同时对所捡取的货物进行再次核对。

在发运管理方面，将包装好的容器，按照运输计划装入指定的车辆。

在发货出库区安装固定的 RFID 读取设备或通过手持设备自动对发货的货物进行识别，读取标签内信息与发货单匹配进行发货检查确认。

（二）仓储库无线网络总体结构

下面以农产品仓储库无线网络组网模式为例进行介绍。

1. 农产品仓库网络布局

整个仓库无线骨干网络搭建网络采用的是星形中心路由，这样的路由组网利于信息的高效传输，如图 2-47 所示。

2. 仓库内部子网

仓库内部主要包括两套无线系统 Zigbee 系统与 RFED 系统，如图 2-48 所示。

①ZigBee 系统。每个仓库货架设置一个 ZigBee 节点，电池供电，平均每年更换一次。主要功能如下：通过 ZigBee 内置芯片模块存储所有农产品信息，可以随时根据通信信息做修改；自动采集仓库内部的温度与湿度；可以随时接收手持设备传来的信息，做出相关修改与信息更新；与内外部网络建立联系，信息可以传输回计算机控制中心；预警显示灯扩展模块，用于农产品自燃预警或者是找寻目标产品的提示。

②RFID 系统。每 50m 左右半径范围放一个 RFID 读卡器，用于识别手持设备内置的有源 RFID 高频芯片。可以对手持设备进行识别与定位，确定拿着手持设备的工作人员的位置，以及对该手持设备所属员工的身份识别。RFID 供电使用电池，每年更换一次。

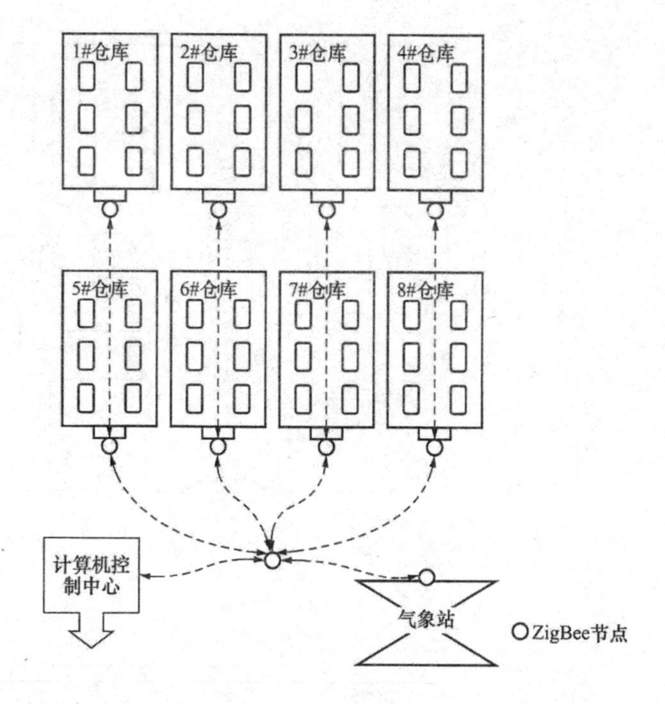

图 2-47　整体网络架构

四、农产品质量监管追溯系统

农产品质量监管追溯系统是指以农产品流通的全程供应链提供追溯依据和手段为目标，以农产品流通全过程流通链为立足点，综合分析各类流通农产品的特点，建立从采购到零售终端的产品质量安全追溯体系，以实现最小流通单元产品质量信息的准确跟踪与查询。农产品质量监管追溯系统功能流程如图 2-49 所示。

农产品质量监管追溯系统主要建设内容包括如下系统：

①生产管理系统。生产管理系统包括种植、养殖企业用户和加工企业用户开发的种植、养殖质量管理系统和农产品加工质量管理系统。

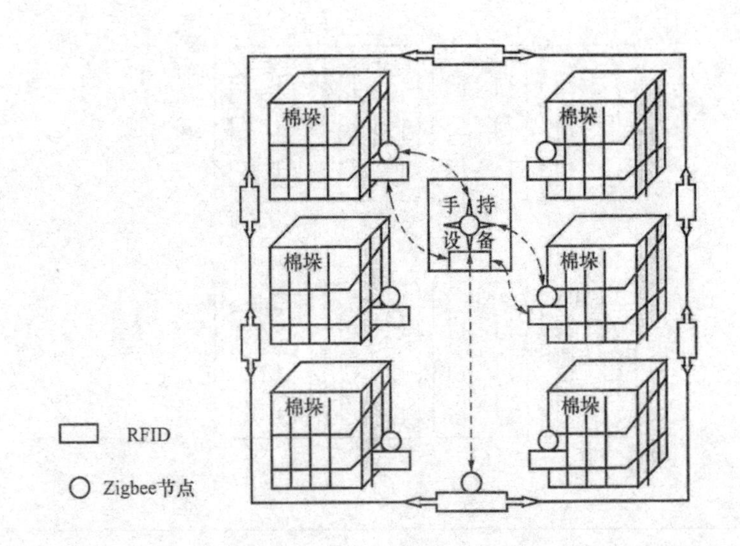

图 2-48

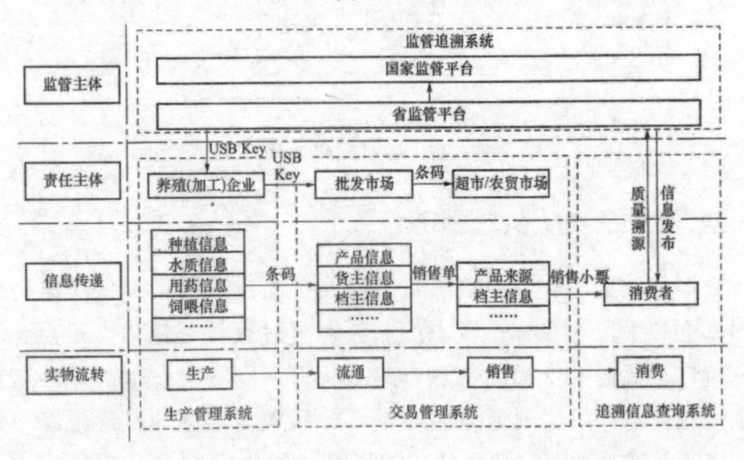

图 2-49

种植、养殖质量管理系统面向种植、养殖企业的内部管理需求，以提高种植、养殖过程信息的管理水平及种植、养殖过程的可追溯能力为目标，通过对种植、养殖企业的育苗、放养、投喂、病害防治到收获、运输和包装等生产流程进行剖析，设计农产品种植、养殖生产环境、生产活动、质量安全管理及销售状况等功能模块，以满足企业日常管理的需要；在建设包括基础信息、生产信息、库存信息、销售信息等农产品档案信息数据库的基础上，开发针对不同用户的生产管理模块、库存管理模块和销售模块，将各模块集成，形成农产品种植、养殖安全生产管理系统。

②交易管理系统。面向批发市场管理的需求，以实现产品准入管理和市场交易管理为目标，针对不同模式的批发市场开发实用的市场交易管理系统，主要包括市场准入管理、市场档口管理、交易管理。

市场准入管理。根据产地准出证是否具有条码，将证上相关养殖者信息、产品信息通过读取或录入的形式存储到批发市场中心数据库，以管理产品的来源。

市场档口管理。对市场中的各个档口进行日常管理，主要管理基础信息、抽检信息等。

交易管理。针对信息化程度较高的批发市场，根据市场准入原则向进入批发市场的养殖企业（或批发商）索取带有条码的产地准出证，管理人员读取产地准出证上的条码，并存储到批发市场中心数据库中；若是拍卖模式的批发市场，批发商在租用电子秤时，管理人员将该批发商该天的相关数据发送到批发商租用的电子秤中，批发商在与客户交易时打印带有生产企业、批发市场、批发商、产品信息的一维条码产品销售单，同时将该次交易记录上传到批发市场中心数据库中；若是直接经营模式的批发市场，批发商通过无线网络下载该批发商该天的相关数据到电子秤，批发商在与客户交易时打印带有生产企业、批发市场、批发商、产品信息的一维条码产品销售单。一旦出现产品问题，在批发市场可通过产品销售单的相关信息追溯到批发商。

③监管追溯系统。监管追溯平台包括企业管理、网站管理、用

户管理三大功能模块。其中企业管理包括企业信息上传、企业上传产品统计、短信平台数据统计等功能；网站管理包括新闻系统、抽检公告、企业简介、农产品大观、行业标准、消费者指南、数据库管理等功能。同时满足政府监管部门、企业用户和消费者等不同追溯需求，以利于达到消费者满意、企业管理水平提高、农产品质量安全。监管追溯平台通过模块化设计和权限划分，可满足部级、省级、市县级不同层级监管主体的监管和追溯需求，可以向各级监管主体提供详细的农产品各供应链的责任主体、产品流向过程以及下级监管主体的农产品质量安全控制措施。另外，通过基础信息平台进行农产品追溯码数量、短信追溯数量进行统计分析，为各级主管部门加强管理和启动风险预警应急提供必要的技术支持。

④追溯信息查询系统。通过数据访问通用接口研究，研究计算机网络、无线通信网络和电话网络对同一数据库的访问协议，开发完成支持短信网关、PSTN 网关、IP 网关的通用 API，实现基于中央追溯信息数据库下的多方式查询。

五、农产品运输管理系统

农产品运输物联网系统旨在利用 RFID、RFID 读写设备、移动手持 RFID 读写设备、智能车载终端、GPS/GPRS，WIFI/INTERNET、IPv6、智能控制等现代信息技术等，实现运输过程的车辆优化调度管理、运输车辆地位监控管理和沿途分发管理。

①车辆优化调度。主要实现运输车辆的日常管理、车辆优化调度、运输线路优化调度、货物优化装载等功能。

②运输车辆定位监控管理。在途运行的运输车辆通过智能车载终端连接 GPS 和 GPRS，实现运输途中的车辆、货物定位和货物状态实时监控数据上传到物联网的数据服务器，实现运输途中的车辆、货物定位和监测数据上传。

③沿途配送分发管理。按照客户所在地分线路配送，沿途的各

中转站在运输车辆经过时用物品管理计算机自动识别电子标签，并通过物品管理计算机自动分拣出应卸下的货物，并在物联网的数据服务器作好相关的业务处理工作，然后各发散地按照规划的线路一路分发直到客户手中。

六、农产品采购交易系统

农产品采购交易物联网系统旨在利用 RFID、RFID 读写设备、Internet、无线通信网络、3G、IPv6、智能控制等现代信息技术，实现采购过程的数据采集与产品质量控制管理，是农产品物流的全链条信息化管理的开始。交易管理结构如图 2-50 所示。

①电子标签制作与数据上传。生产基地生产出来的产品(采购部门采购回来的产品)在装箱之前，制作好电子标签并通过手持式 RFTD 读卡器或智能移动读写设备把信息通过网络传输到系统服务器的数据库中，由此开始了管理追踪农产品流通全过程。其信息主要包括品名、产地、数量、所占库位大小、预计到货时间等，并在物联网的数据服务器做好相关的业务处理工作，这样就能有效地为配送总部做好冷库储藏的准备和协调工作。

②采购单管理。主要根据库存信息、客户订单生成采购单，并实现采购单管理。实现环境：RFID、RFID 读写设备、移动 RFID 读写设备、无线通信网络、Internet、计算机等。

七、案例分析——农产品温控物流智能系统解决方案

前面介绍了农产品物流物联网内涵、集成方案、各子系统功能与实现，下面针对基于冷鲜肉的温控物流智能系统解决方案进行分析。

(一)农产品温控物流智能系统业务需求

冷鲜肉也称冰鲜肉、冷却肉，对冷链流通属于刚性需求。

依据农产品温控物流技术集成理论体系，将冷鲜肉的品类属性

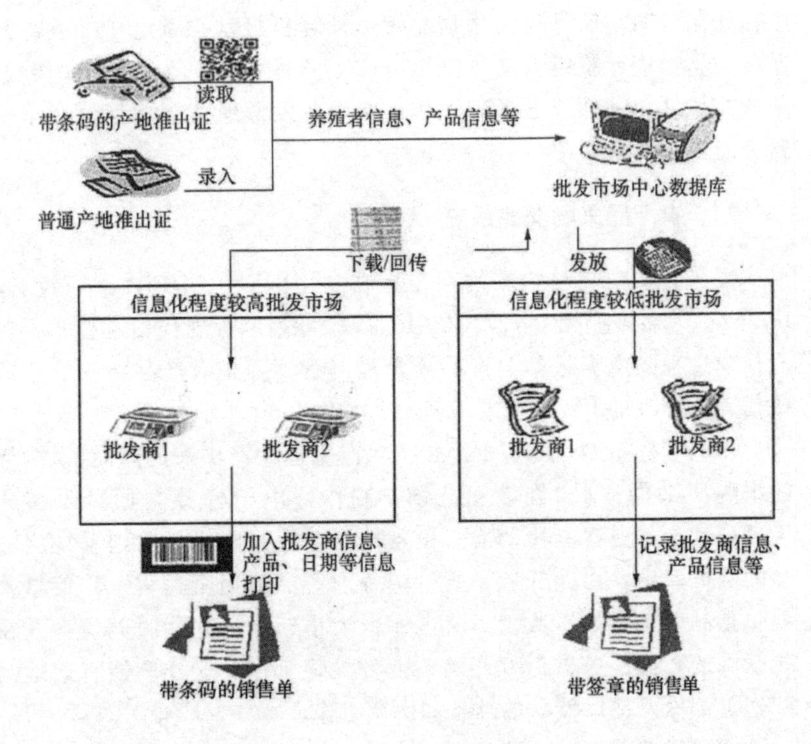

图 2-50

和时空目标作为输入条件，输出冷鲜肉供应链质量与品质保障的技术解决方案。冷鲜肉的品类属性包括易腐、货架期短、鲜度指数要求等，对于不同的时空目标下，生产流通过程严格按照 0～4℃温度控制，温控装备工程要求生产加工环节装备 0～4℃加工车间，排酸库，－18℃以下快速预冷库，0～4℃冷库等，流通环节装备冷藏车；保温箱等设备，为保障品质与安全，应用信息技术进行全程信息监控与溯源，实现冷鲜肉供应链温度、运输时间等信息透明化，进而实现面向生产者、经营者和消费者信息的公开对称。在信息对称的情况下，质量越高的产品其价格也就越高，最终达到优质优价的农产品"生产者诚，消费者信"的健康循环商业模式。温控物流工程智能信息系统结构如图 2-51 所示。

图 2-51　温控物流工程智能信息系统结构

(二)农产品温控物流智能系统功能实现

基于分类农产品温控物流技术集成理论体系的农产品温控物流智能系统，旨在以品类的自然属性与时空目标的自然环境为基础，分析与研究农产品物流过程可利用的温控装备与保鲜工艺技术，通过基于物联网技术、云计算技术和通信技术等智能信息化感知与传输手段，为农产品温控物流智能系统提供应用技术与装备数据、供应链可追溯数据等信息。在此基础上，农产品温控物流智能系统可进行基于时间维、空间维的安全维度分析；利用综合评价模型进行温度打假、安全评估与预测等农产品安全状况统计分析；综合供应链的品类成本、时空成本、工艺成本、温控成本和信息化成本等成本因素进行供应链成本分析，探索技术产业链与优质农产品产业链双链双延、双链双赢的发展模式，最终为企业、行业冷链物流工程提供一揽子解决方案。在冷链工程整体设计、设备与保鲜工艺配套施工、智能信息技术，特别是结合物联网打造农产品追溯体系以及供应链管理优化等方面提供全方位、技术(人才)支持和服务。农产品温控物流智能系统流程如图 2-52 所示。

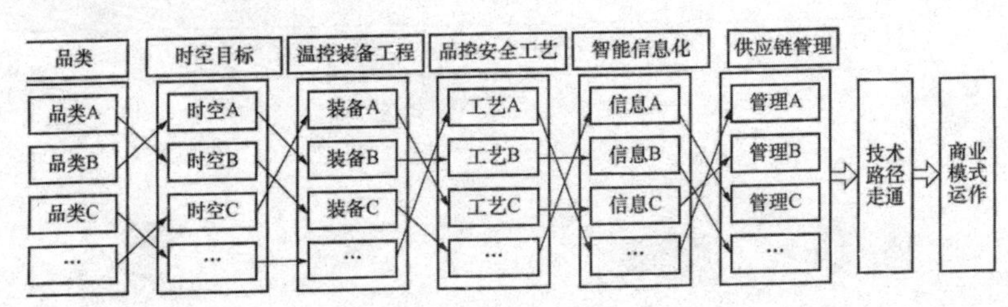

图 2-52　农产品温控物流智能系统流程

第三章　大数据支撑农业监测预警

第一节　大数据的概述

大数据是继物联网、云计算、移动互联网之后发展起来的最重要的技术和思想之一。大数据思维带来的信息风暴正在变革我们的生活、工作和思维方式，大数据的诞生和发展开启了一次重大的时代转型。正是大数据现象的出现和数据应用需求的激增，加速了信息化的深入发展，而大数据的海量性、多样性、时效性、真实性以及潜在价值，为我们提供了认识复杂事物的新思维、新方法、新手段，成为提升国家综合能力和保障国家安全的新利器。

农业信息监测预警是基于信息流特征，对农产品生产、市场流通、进出口贸易等环节进行全产业链的数据采集、信息分析、预测预警与信息发布的全过程活动；也是集农业信息获取技术、信息处理技术、信息服务技术于一体，对未来农业运行安全态势作出判断，并提前发布预警，为政策制定部门和生产经营管理者提供决策参考，有效管理农业生产和市场流通，从而实现产销对接、引导农业有序生产和稳定农产品市场的有效手段。开展农业信息监测预警工作是欧美等发达国家一贯的做法。

在信息化快速发展的今天，农业大数据作为大数据的重要实践部分，正在推动农业监测预警工作的思维方式和工作范式的不断转变。农业大数据推动农产品监测预警的分析对象和研究内容更加细化、数据获取技术更加便捷、信息处理技术更加智能、信息表达和服务技术更加精准。伴随大数据技术在农产品监测预警领域的广泛应用，构建农业基准数据库、开展农产品信息实时化采集技术研究、构建复杂智能模型分析系统、建立可视化的预警服务平台等将成为未来农产品监测预警发展的重要趋势。

我国已步入推进农业供给侧结构性改革的关键时期，面临的形势更加复杂，各种制约因素相互交织，深层次矛盾亟待解决。大数据作为现代信息技术的重要组成部分，在准确研判农业农村经济形势、破解农业发展难题等方面将大有作为。加快发展农业大数据建设，特别是推进大数据与农业产业全面融合，深化大数据在农业生产、经营、管理和服务等方面的创新应用，将为我国农业现代化建设注入新的活力、提供新的动力。

第二节　大数据的理论基础

一、大数据是农业状态的全息映射

农业状态全面立体的解析，是全面了解和分析农业发展状况和存在问题以及制定解决方案、准确进行农事操作的重要依据。对农业状态全面的、立体的反映依赖于农业数据获取的广度、深度、速度和精度，农业状态全样本信息特征的获取是全面、立体反映农业产业状态、促进产业之间深度耦合、提升农业产业效能的基础。

农业系统是一个包含自然、社会、经济和人类活动等的复杂巨系统，包含其中的生命体实时的“生长”出数据，呈现出生命体数字化的特征。农业物联网、无线网络传输等技术的蓬勃发展，极大地推动了监测数据的海量爆发，数据实现了由“传统静态”到“智能动态”的转变。现代信息技术将全面、及时、有效地获取与农业相关的气象信息、传感信息、位置信息、流通信息、市场信息和消费信息，全方位扫描农产品全产业链过程。在农作物的生长过程中，基于温度、湿度、光照、降雨量、土壤养分含量、pH 值等的传感器以及植物生长监测仪等仪器，能够实时监测作物生长环境状况；在农产品的流通过程中，GPS 等定位技术、射频识别技术实时监控农产品的流通全过程，保障农产品质量安全；在农产品市场销售过程中，移动终端可以实时采集农产品的价格信息、消费信息，引导产销对接，维护和保障农产品市场的供需稳定。如中国农科院农业信息研究所研制的一款便携式农产品市场信息采集设备“农信采”，具有简单输入、标准采集、全息信息、实时报送、即时传输、及时校验和自动更新等功能。它嵌入了农业部颁发的 2 个农产品市场信息采集规范行业标准，11 大类 953 种农产品以及相关指标知识库，集成了 GPS、GIS、GSM、GPRS、3G/WiFi 等现代信息技术，实现了市场信息即时采集和实时传输。该设备已在天津、河北、湖南、福建、广东和海南等省(直辖市)广泛使用，并在农业部农产品目标价格政策试点工作的价格监测中推广应用。

大数据的发展应用正在改变着传统农产品监测预警的工作范式，推动农产品监测预警在监测内容和监测对象方面更加细化、数据快速获取技术方面更加便捷、信息智能处理和分析技术方面更加智能、信息表达和服务技术方面更加精准。

二、大数据是农业预警决策的科学支撑

预警决策是依靠历史所积累的正反两个方面的历史经验所作出的判断，而大数据是对历史积累描述的最好体现。农业监测预警包括数据获取、数据分析、数据应用。数据获取是农业监测预警的基础，数据处理是农业监测预警的关键，数据应用则是监测预警的最终目标。数据获取是基础环节，是把农业生产、流通和消费的物质流、能量流衍生成为信息流的过程。数据分析是农业监测预警的核心环节，是运用一定的技术、方法，借助计算机、相关软件等工具，将涉农数据进行汇集、分类、计算、转换，将杂乱无章的数据转换

为有序信息的数据加工过程。数据应用是农业监测预警的最终目的，是对大量数据进行分析处理后，将结论型、知识型的高密度信息和高质量信息推送给用户的过程。大数据的获取、分析以及应用等是农业监测预警不可缺少的重要过程，对农业预警决策的科学性起到重要的支撑作用。

因此，大数据的核心价值不仅仅是对过去客观事实和规律的揭示，而更重要的是基于对大量数据采集传输的基础上，利用分析工具实现对当前形势的科学判断以及对未来形势的科学预判，为科学决策提供支撑(图 3-1)。

在大数据的支撑下，智能预警系统通过自动获取农业对象特征信号，将特征信号自动传递给研判系统，研判系统通过对海量数据自动进行信息处理与分析判别，最终自动生成和显示结果，得出结论，发现农产品信息流的流量和流向，在纷繁的信息中抽取农产品市场发展运行的规律。智能预警系统最终形成的农产品市场监测数据与深度分析报告，将为政府部门掌握生产、流通、消费、库存和贸易等产业链变化、调控稳定市场预期提供重要的决策支持。

三、大数据是农业发展的新型资源

大数据是以容量大、类型多、存取速度快、应用价值高为主要特征的数据集合，正快速发展为对数量巨大、来源分散、格式多样的数据进行采集、存储和关联分析，从中发现新知识、创造新价值、提升新能力的新一代信息技术和服务业态。信息技术与经济社会的交汇融合引发了数据迅猛增长，数据已成为国家基础性战略资源，大数据正日益对全球生产、流通、分配、消费活动以及经济运行机制、社会生活方式和国家治理能力产生重要影响。

农业大数据作为重要的农业生产要素，正在日益显现出其重要的社会和经济价值。根据农业的产业链条划分，目前农业大数据主要集中在农业环境与资源、农业生产、农业市场和农业管理等领域。

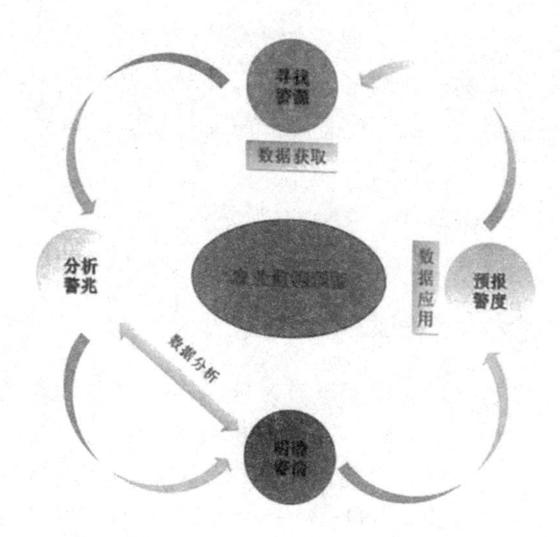

图 3-1　农业监测预警理论框架

农业自然资源与环境数据主要包括土地资源数据、水资源数据、气象资源数据、生物资源数据和灾害数据等。

农业生产数据包括种植业生产数据和养殖业生产数据。其中，种植业生产数据包括良种信息、地块耕种历史信息、育苗信息、播种信息、农药信息、化肥信息、农膜信息、灌溉信息、农机信息和农情信息等；养殖业生产数据主要包括个体系谱信息、个体特征信息、饲料结构信息、圈舍环境信息、疫情情况等。

农业市场数据包括市场供求信息、价格行情、生产资料市场信息、价格及利润和国际市场信息等。农业管理数据主要包括国民经济基本信息、国内生产信息、贸易信息、国际农产品动态信息和突发事件信息等。

随着海量信息的爆发，农业跨步迈入大数据时代。统一数据标准和规范，构建农业基准数据(即以农业信息的标准和规范为基础，以现代信息技术为手段，收集并整理的产前、产中、产后各环节的基础精准数据)，推动数据标准化，并综合使用农业大数据的相关技术，建设农业大数据平台，对农业大数据进行分析、处理和展示，并将所得结果应用到农业的各个环节，才能更好地推动我国传统农业向现代农业的转型，助力我国农业信息化和农业现代化的融合。

第三节　大数据工作应用

一、农业农村大数据部署稳步推进

我国农业大数据行动计划顶层设计完成。2015 年国务院颁布的《促进大数据发展行动纲要》，从全局统筹考虑，着手从农业农村信息综合服务、农业资源要素数据共享以及农产品质量安全信息服务等三方面，推动我国农业农村大数据的发展。2016 年 12 月国务院印发《“十三五”国家信息化规划》，强调建立农业全产业链信息监测分析预警系统。2015 年 12 月为充分发挥大数据在农业农村发展中的重要功能和巨大潜力，农业部印发的《关于推进农业农村大数据发展的实施意见》，提出从农业生产、经营、管理和服务等方面全面推进农业大数据建设，对未来 5～10 年我国农业大数据建设做出重要部署。

农业农村大数据试点工作启动。2016 年农业部印发《农业农村大数据试点方案》，在北京等 21 个省(自治区、直辖市)开展农业农村大数据试点，力争通过 3 年左右时间，到 2019 年底，达成数据共享取得突破，单品种大数据建设取得突破，市场化投资、建设和运营机制取得突破，大数据应用取得突破等四项重点目标。

二、农业大数据采集工作逐步展开

获取信息是利用信息的前提。农业信息采集就是利用多种方法和手段，获取所需农业信息的过程。随着农业大数据时代的到来，我国传统的农业信息采集方法已经不能满足农业全产业链动态信息的需求，研发适应不同条件的数据获取技术与设备，创新农业信息获取技术，成为夯实农业监测预警工作的基础。

农业部及各省(自治区、直辖市)的农业厅(委、局)为主，多个部门配合，建设和储存了从中央到地方的一系列涉农数据资源。目前，农业部内已经建立21套统计报表制度，包括农业综合统计、种植业、畜牧业、渔业、农村经营管理、农产品价格统计、农产品加工及农业资源和农村能源环境等，共计报表30张，指标5万个(次)，并已经建设了面向分析主题的16个数据集市，包括农业宏观经济及主要农产品产量、价格、进出口、成本收益等，平均每天更新量约30万条，仅2015年上半年更新量就达5400余万条，现有数据仓库存量信息近9亿条，结构化数据量达到1个TB。

我国农业科技工作者近年来研发了多种农业大田生产、设施农业、水产养殖、农产品市场信息采集技术与设备，为农业信息监测预警工作的有效开展提供了强大的、实时的数据信息。总体来说，我国农业信息采集技术可以分为三方面的内容：首先是局域型数据采集系统，如以环境监测为目的构建的温室大棚有线局域网络型数据采集系统；其次是无线传输型数据采集系统，主要是在数据源距离目的地相对较远，不具有稳定的电源供给，以及安全可靠的环境中进行使用；最后是无线传感器网络，是新一代的传感器网络。例如ZigBee是一种新兴的短距离、低功耗、低数据速率、低成本、低复杂度的无线网络技术，目前基于ZigBee技术，在我国农业多个领域已经开展了较为广泛的应用。

三、形成一支专业化的农业监测预警研究与工作队伍

伴随着我国农业监测预警工作的不断完善和深入，农产品分析种类不断增加，以农业科研单位研究人员为核心的农业监测预警团队正在逐步完善和发展壮大。

团队建设是农业监测预警研究的基础和核心工作。中国农科院农业信息研究所农业监测预警研究创新团队是较早开展农产品监测

预警工作的一支队伍。经过多年的发展，在我国农业监测预警领域也已经形成了一支系统性、分层次、多学科组成的专业化监测预警队伍，其成员的专业背景涵盖农学、计算机科学、经济学、管理学、数学和系统科学等多个学科领域。随着我国农业监测预警研究工作的不断深入，团队不断壮大，正在以专业化、知识化和高效能在我国农业信息监测的前沿领跑。

此外，在农业部的领导下，农业监测预警研究创新团队已经形成了层次合理、分工明确且成熟的专业农业展望团队。此外，成立了农业部市场预警专家委员会，负责农业展望报告的咨询、会商和研判工作，在农业展望活动中专门设立了宏观组和技术组，从全国层面把握农业展望报告的政策走向；组建了农业部农业展望品种分析师团队，负责粮棉油糖肉蛋奶等 18 个品种的分析预警和农业展望分品种报告撰写工作；完善了农业全产业链信息分析预警团队，将国家队的力量与省(自治区、直辖市)的分析预警力量结合在一起，在全国范围内建立了一支 1500 多人的全产业链信息分析师与信息采集员队伍，保障了展望工作在全国布局和上下联动。

在全球农业数据调查分析系统建设方面，2016 年 5 月，农业部办公厅印发了《全球农业数据调查分析系统农产品市场分析预警团队建设与管理试行办法》，规范了全球农业数据调查分析系统农产品市场分析预警团队构架，对团队工作职责进行了规定，主要内容包括监测国内外农产品全产业链数据，分析国内外宏观经济形势变化及其对农产品市场的影响，分析国内外农产品市场调控政策变化及其对市场的影响，分析产业技术发展对农产品市场的影响，提交月度、季度、年度市场及供需形势分析报告，跟踪市场运行动态，提交热点问题分析报告，通过在播种、收获等关键农时季节开展市场调研，提交调研报告，进行中长期农产品市场波动规律研究，撰写和发布中国农业展望报告，组织农产品供需平衡定时、定点月度综合会商，研究形成可供发布的月度供需平衡表等。

四、农业信息发布和服务制度不断完善

农业信息发布是引导市场预期和生产的专业化活动，需要靠专业化建设提高质量，靠专业化建设增强特色，靠专业化建设树立权威，靠专业化建设增强话语权。

国家统计局是最早发布我国农业数据的权威部门。国家统计局发布的农业数据最早可以追溯到新中国成立初期，以年度为时间尺度发布国家尺度和省域尺度的农业生产数据。近年来，随着我国统计工作的不断扩大和深入，逐渐开始发布有关农业方面的月度和季度数据等。目前，国家统计局在数据发布以及服务制度建设等方面已经相当完善。

农业部作为权威的农业部门，构建了权威、统一的农业信息发布窗口，完善了农业展望信息的发布内容、发布时间、会商形式、解读机制等规范。

2003 年推出《农业部经济信息发布日历》制度，2007 年起农业部建立了重要数据共享制度，农业部市场与经济信息司每月汇总各司局主要数据，编印《农业农村经济重要数据月报》。农业部充分发挥农民日报、农广校等媒体作用，强化信息发布，建立完善了农业经济信息发布日历制度，并与中央电视台、经济日报、人民网、央广等主流媒体建立了良好合作机制，及时发布农业农村信息，引导市场走势，信息会商机制保障发布更加规范科学。

为更加全面准确反映农产品市场价格变动情况，充分发挥市场信息在推进农业供给侧结构性改革中的引领作用，农业部组织专家对已运行十余年的全国农产品批发价格指数进行了全面评估和调整，在此基础上编制形成了“农产品批发价格 200 指数”。该指数已通过试运行测试，于 2017 年 1 月起正式上线运行，并通过中国农业信息网进行每日发布。2017 年农业部将建设重点农产品市场信息平台，以品种为主线，依托现有各类信息系统和平台，通过数据共享，打

造集中统一的农产品市场信息权威发布窗口。

2011年成立的农业部市场预警专家委员会，为农产品市场调控政策的制定提供了重要智库支撑。围绕谷物、棉花、油料、糖料、生猪、蔬菜等18种主要农产品，农业部市场经济与信息司建立了每月的大宗和鲜活产品部内会商机制，随着展望活动的开展，逐步建立起国家发展和改革委员会、商务部、统计局、粮食局、海关总署等多部门共同参与的跨部门农业信息会商机制。自2016年7月开始，农业部在中国农业信息网发布了《中国农产品供需形势分析》，并且开始发布主要农产品月度供需平衡表数据。

在科研机构数据发布方面，2013年6月，由FAO、OECD联合主办，中国农科院农业信息研究所承办的“2013世界农业展望大会”首次在北京召开，大会专门发布了中国章节报告“养活中国：未来十年的前景与挑战”。2014年我国首次召开中国农业展望大会，并发布了《中国农业展望报告(2014—2023)》，对中国农产品未来十年的供需状况进行了分析和展望，随后2015、2016年中国农业展望大会的持续召开和中国农业展望报告的连续发布，进一步提升了中国农业监测预警的能力和水平，促进了中国特色农业信息监测预警制度的建立。

五、农业大数据开放共享逐步推进

大数据是继矿产资源、能源之后的又一类新型国家基础性战略资源。大数据提供了人类认识复杂系统的新思维、新手段，已经成为提升国家综合能力和保障国家安全的新利器。大数据的开放和共享不仅是政府转型的内在需求和强力驱动，也是推进国家治理体系与治理能力现代化的必由之路。

由于政府所掌握和调用的数据比其他单一行业多，因此推进政府数据的开放共享能够对全社会形成示范效应，能够带动更多行业、企业开放数据、利用数据、共享数据。

2015年8月国务院印发的《促进大数据发展行动纲要》提出，“要加强顶层设计和统筹协调，大力推动政府信息系统和公共数据互联开放共享，加快政府信息平台整合，消除信息孤岛，推进数据资源向社会开放，增强政府公信力，引导社会发展，服务公众和企业”。

为了提升我国农业国际竞争力，增强在国际市场上的话语权、定价权和影响力，2015年农业部印发的《关于推进农业农村大数据发展的实施意见》提出了农业农村大数据将在未来5年实现“三步走”的发展目标。到2017年底前，农业部及省级农业行政主管部门数据共享的范围边界和使用方式基本明确，跨部门、跨区域数据资源共享共用格局基本形成。到2018年底前，实现“金农工程”信息系统与中央政府其他相关信息系统通过统一平台进行数据共享和交换。到2020年底前，逐步实现农业部和省级农业行政主管部门数据集向社会开放，实现农业农村历史资料的数据化、数据采集的自动化、数据使用的智能化、数据共享的便捷化。

目前，我国从中央到地方逐渐建立了信息共享平台，为系统性涉农信息共享服务打下了基础。信息共享平台包括国家数据共享平台、农业部数据共享服务平台、地方政府多样化涉农信息共享服务平台。经过20多年来的努力，通过持续加强我国农业数据仓库建设，目前已经建设了包括农业农村经济、农产品贸易、农产品价格、农产品成本收益等多个数据库，并通过各种方式开展信息服务，为政府部门推进管理数据化、服务在线化提供基础支撑。据统计，截至2016年5月底，已有120个数据资源针对不同用户全部或部分公开共享。

六、农业信息监测预警体系逐渐完善

我国农业信息监测预警制度建设从2002年开始步入专业化发展轨道。伴随着我国农业信息化的不断深入和发展，在农业大数据的推动下，数据驱动决策的工作机制正在悄然形成。农业信息监测预警工作作为我国农业政府部门制定政策的重要抓手，其思维方式和工作范式也正在发生质的变化，数据获取技术更加便捷、信息处理技术更加智能、农业信息分析对象和研究内容更加细化、信息表达和服务技术更加精准。伴随着大数据技术在我国农业监测预警领域广泛和深入的应用，在构建农业基础数据库，推动数据标准化；开展农业信息实时采集技术研究，推进监测实时化；构建复杂智能模型分析系统，增强分析智能化；搭建监测预警服务平台，促进展示的可视化等领域，将成为未来我国农业监测预警体系建设的重要发展趋势。

随着我国农业信息化建设的不断推进，我国相关部门也建立了一些大型的农业信息监测预警系统。如农业部的农产品监测预警系统，国家粮食局的粮食宏观调控监测预警系统，商务部的生猪、重要生产资料和重要商品预测预警系统，以及新华社的全国农副产品农资价格行情系统等，在实际工作中均得到较好的运用。

在科研院所农业信息监测预警系统体系建设中，中国农科院农业信息研究所坚持自主创新，开发了中国农产品监测预警系统(China Agriculture Monitoring and Early-warning System, CAMES)涵盖11大类953种农产品，应用经济学、农学、气象学及计算机科学等多学科知识，实现生物学机理和经济学机制融合，使我国农业信息监测预警体系建设向前迈进了一大步。

在商业层面上，阿里巴巴、京东商场等电商企业利用大数据保障食品溯源。如辽宁省大洼县盛产稻田米和稻田蟹，2015年加入阿里农业满天星计划，开始农产品溯源探索，针对不同类型农产品的成长特点，通过二维码来承载产品名、产品特征、产地、种植人、生长周期、生长期施肥量、农药用量、采摘上市日期等不同的溯源信息，真正实现了农产品的“身份标识”。

七、挖掘用户需求促进产销精准匹配

传统的农业发展思维更多关注生产，关注农产品的总量问题；而在消费结构升级的情况下，则更多的是关注农产品的品质、品相、结构。因此，实现农产品生产和消费的有效对接，居民才能吃得放心、吃得健康、吃得营养。

大数据在这方面正在驱动商业模式产生新的创新。利用大数据分析，结合预售和直销等模式创新，国内电商企业开始不断尝试生产与消费的衔接和匹配，为农产品营销带来了新的机遇。截至2016年8月，全国涌现了135个淘宝镇，1311个淘宝村，以淘宝村为代表的农村电子商务正在深刻改变着中国农村的面貌，变革着中国传统农产品营销的模式。连锁型的社区生鲜超市M6于2005年前开始了数据化管理，物品一经收银员扫描，总部的服务器马上就能知道哪个门店，哪些消费者买了什么。2012年，M6的服务器开始从互联网上采集天气数据，通过分析不同节气和温度下顾客的生鲜购买习惯会发生哪些变化，进而实现精准订货、存储和配货，真正实现产销对接的智能控制。未来随着信息技术的不断发展，还可以将食品数据与人体的健康数据、营养数据连接起来，这样可以根据人体的健康状况选择相应的食物，达到吃得营养、吃得健康的目的。

八、捕捉市场变化信号引导市场贸易预期

市场经济中最重要的是信息，通过发布专业信息，利用信息引导市场和贸易有助于增强国际市场话语权和掌握世界贸易主导权。

2003年起，农业部推出“农业部经济信息发布日历”制度，主要发布生产及市场经济信息。2014年中国召开了第一届中国农业展望大会，发布了《中国农业展望报告(2014－2023)》，结束了中国没有农业展望会议的历史，开启了提前发布农产品市场信号、有效引导市场、主动应对国际市场变化的新篇章。

中国农业展望大会已经成功召开3届，在国际和国内都引起良好反响，很大程度上提升了我国在国际上的话语权和影响力。此外，展望大会的召开及其发布的成果均得到来自FAO和OECD等组织有关专家的高度评价。自此，中国农业展望大会开始迈进国际化的舞台。

第四章　智能化农业机械

智能化农业机械IAM（intelligence agricultural machine），或称智能控制系统ICS（intelligence control system）下的农机具，是GPS、GIS、RSS、ES、SS、DSS“6S”系统在农业机械装备上的综合应用，是实现精确农业的重要设备。智能化农业机械首先必须利用DGPS技术实现精确定位，通过计量传感器采集数据，通过智能控制软件生成处方图，针对田间存在的差异自动执行分布式投入决策。主要包括：具有测定产量功能的联合谷物收获机、实施变量处方农作的谷物播种机、施肥机、施药机和喷灌机等。近年来，智能化农业机械装备技术发展迅速，不断推出适用于生产的商品化产品，应用于更多的农机作业领域。

第一节　具有测产功能的谷物联合收获机

数字化产量分布图，综合了土壤肥力、栽培管理、作物生长等田间空间参数变化的信息，是精确农作物的重要基础信息。现代先进的谷物联合收获机采用自动控制和自动监测技术，具有割茬高度自动控制、脱粒喂入量自动控制和作业速度、脱粒滚筒转速、谷粒损失率、故障诊断等运行参数的监测和显示，以及计算作业面积、耗油率及产量等智能化功能。通过进一步装备卫星定位接收系统和各种产量在线实时测量的传感器，就具有产量分布图自动生成的功能，为实施精确变量处方农作物奠定基础。

传统的田间测产方法：平均产量＝总产重量/地块面积。

精确农业田间测产方法：瞬时实地产量＝(谷物质量流量－水分含量＋损失量)/(收割机行驶速度×割幅宽度)。

一、谷物联合收获机结构

(一)谷物联合收获机基本结构

具有测产功能的谷物联合收获机除了由收割台、输送装置、脱粒装置、分离装置、清选装置、粮箱、发动机、传动装置、行走装置、液压系统、电气系统、操纵装置、驾驶室等组成外，还装备有DGPS接收机、谷粒流量、谷粒湿度、割幅、作业行驶速度等传感器，分布在联合收获机的相应位置(图4-1)。

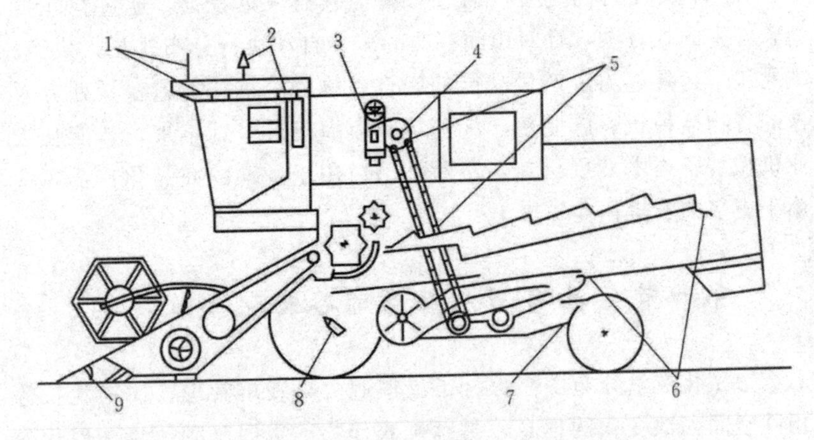

图4-1　谷物联合收获机测产系统传感器

1. DGPS接收装置　2. GPS接收装置　3. 谷物温度测量　4. 谷物密度测量　5. 谷物体积流量测量　6. 谷物损失测量　7. 转向角度测量　8. 距离/速度测量　9. 割幅测量

(二)测定系统传感器的结构与原理

1. 全球定位系统(GPS)

全球定位系统是测产系统必不可少的组成部分之一，在收获作业时利用全球定位系统对田间位置进行同步监测，按照全球定位系统输出的定位信号和行驶距离为单位计算产量。目前采用的全球定位系统可通过差分信号进行校正以提高精准度，即差分全球定位系统(DGPS)。

2. 谷物流量传感器

从 20 世纪 90 年代开始研究谷物联合收割机产量监测系统及其配套的谷物流量传感器，至今已经有 20 余种类型的谷物流量传感器。根据 REYNS 的分类方法，可分为称重式、体积式、冲量式、间接式 4 种。

(1)称重式谷物流量传感器　如图 4-2 所示为称重式谷物流量传感器。根据其具体结构，称重式谷物流量传感器又可分为谷仓称重式、升运器称重式、搅龙称重式等。

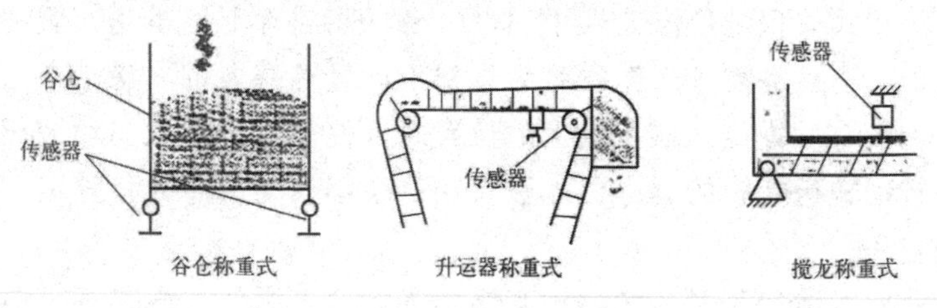

图 4-2　称重式谷物流量传感器

谷仓称重式流量传感装置通过 2～3 个负重传感器测量整个谷仓单位时间的重量变化从而测定谷物的瞬时产量，由于要求整个谷仓与联合收割机不直接接触，其安装较困难。同时，一方面联合收获机在作业时会发生倾斜，从而会导致一定的测量误差；另一方面要称量整个谷仓的重量，对负重传感器的量程要求较大，其测量精度受到一定的限制。

升运器称重式谷物流量传感器需要把传统的升运器改装为三角形升运器。传感器水平输运部分一端用铰链固定，另一端则用负重元支承，通过测量负重元输出的信号即可以测得谷物的流量。此种传感器具有误差小、精度高的优点，其缺点是安装这种传感器需要对收获机的结构做较大的修改和调整。

搅龙称重式谷物流量传感器需要把搅龙的一端用铰链支撑，搅龙的中间挂在一个电子称重单元上，通过测量搅龙和谷物的动态总重量来计算流经搅龙的谷物流量。此方法也需要修改和调整联合收获机谷物输运系统的结构。

(2)体积式谷物流量传感器　体积式谷物流量传感器可以测定一定时间间隔内通过谷物的体积并按密度转化为质量。体积流量转化成质量流量时还需要测定谷物的密度，而谷物的密度又与作物种类以及生长条件有关，因此，要得到准确的谷物质量流量，需要在每一个地块都重新测量谷物的密度。根据谷物体积测量方法的不同，可分为开放式和封闭式两种。

封闭式体积流量传感器(图 4-3)一般安装在刮板式输送装置的谷物输出端，当谷粒进入净谷筒后累积于产量传感器的翼轮上，当谷粒达到电容位置传感器所设定的位置时，控制电磁阀以驱动液压马达并转动输送叶轮的继电器才被启动，根据翼轮的转数计算出谷物流的容积。

开放式体积流量传感器，其结构如图 4-4 所示。该装置一般安装在刮板式输送装置的谷物输送中，根据刮板所运送的谷物对光栅的阻断，得出刮板所承载谷物的高度，计算得到谷物的体积。

(3)冲量式谷物流量传感器　冲量式谷物流量传感器在国内外运用较为广泛，它基于冲击原理，当谷物流冲击传感器时，传感器的受力与谷物流量有关。谷物流量越大，作用在传感器上的力就越大，根据传感器的受力变化即可得到谷物流量(图 4-5)。

冲量式谷物流量传感器根据其结构不同可分为曲面冲量式、节流管冲量式和弯管冲量式等多种形式。曲面冲击式谷物流量传感器在实验室测量的误差为 1%～2%，田间试验的最大误差达到 3.5%，且易受田地的倾斜、谷物的形状、含水率、摩擦系数等的影响。弯

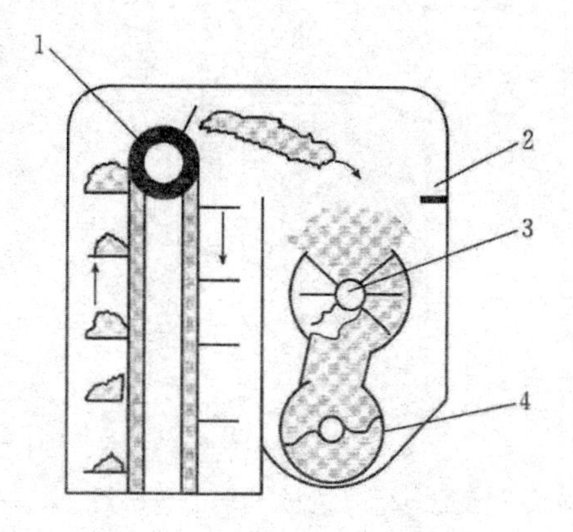

图 4-3　封闭式体积流量传感器

1. 刮板式输送器　2. 位置传感器　3. 翼轮　4. 输送叶轮

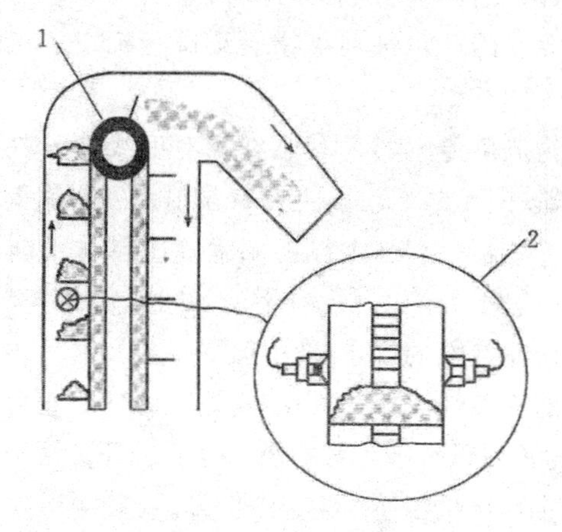

图 4-4　开放式体积流量传感器

1. 刮板式输送器　2. 光栅传感器

管冲击式谷物流量传感器由负重元和弯曲的圆管组成，测量精度受谷物的含水率、谷物流量大小和传感器的倾斜度等影响。

(4)间接式谷物流量传感器　间接式谷物流量传感器主要有电容式、射线式和科氏力式三种。

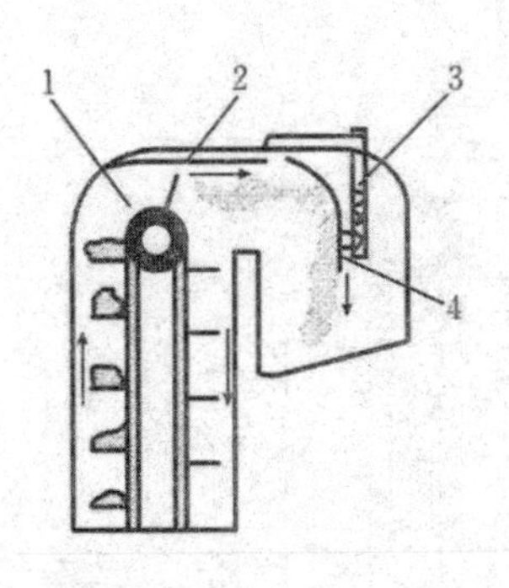

图 4-5　冲量式流量传感器

1. 净粮升运器　2. 导流板　3. 力传感器　4. 冲击板

电容式谷物流量传感器是利用平板电容之间的介电特性测量谷物流量。但是谷物的介电常数与谷物流量有关，还与谷物的含水率和谷物种类相关。因此，每种谷物必须单独标定，且标定曲线是非线性的。

射线式谷物流量传感器是利用谷物对射线的吸收特性制成射线谷物流量传感器(图 4-6)，目前主要有 γ 射线谷物流量传感器和 X 射线式谷物流量传感器。γ 射线谷物流量传感器对不同的谷物单独标定之后，误差一般不大于 1%，且不受谷物的含水率影响。X 射线式谷物流量传感器在谷物的含水率为 15%～25%时，传感器输出的信号与谷物流量的相关性大于 0.99。此外，为了防止射线泄露，传感器需要 5mm 的钢板做屏蔽，传感器不工作时不产生射线。

科氏力式谷物流量传感器是一种可以直接测量质量、流量的传感器(图 4-7)。科氏力是指物体在旋转体系中做直线运动时所受的力。科氏力流量传感器就是根据科氏力原理来测量散状固体的流量。其在原理上对谷物密度、下落高度、谷物摩擦力等因素不敏感，在一定条件下对测量结果影响程度不大。

3. 收获机速度传感器

收获机作业时的前进速度是测产系统的重要参数之一，要计算

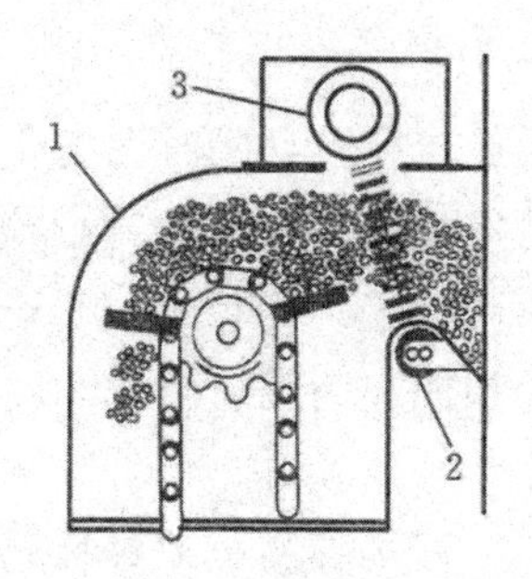

图 4-6　γ射线谷物流量传感器

1. 刮板式输送器　2. γ射线探测器　3. 辐射源

谷物产量必须要监测收获机的作业行驶速度。主要有两种方式，一是通过安装在联合收获机上雷达或超声波的测速传感器，雷达微波或超声高频声波射到地面反射后，被接受波的频率发生变化，这种频率差异的多普勒效应与行驶速度有关，由此可计算出收获机的行驶速度。为避免作物秸秆等的影响，传感器一般安装在谷物联合收

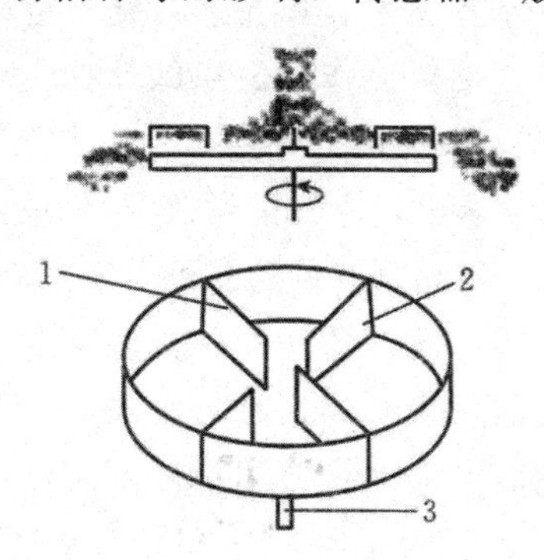

图 4-7　科氏力式谷物流量传感器

1. 导向叶片　2. 转向装置　3. 驱动轴

获机靠近地面且在前轮压过的平道上的位置上。二是由测产系统中的全球定位系统提供，但容易受到 GPS 定位精度的影响。

4. 谷物湿度传感器

谷物收获时湿度往往较大，且随时在变化。为获得标准含水率的谷物产量，必须依据谷物实际含水量进行校正。谷物湿度传感器通常安装在联合收获机净粮输运通道上，它一般采用结构简单、分辨能力高、非接触测量和能在高温、辐射和强烈震动等恶劣条件下工作的电容传感器。

电容传感器的检测原理是谷物在通过传感器的两极板时，由于谷物含水量不同，导致电容传感器的相对介电常数发生变化，谷物湿度与介电常数成正比，从而能测出谷物的水分含量。由于所测的谷物为颗粒形状，会存在许多气隙，因而其介电常数较小，传感器的极板有效面积较大。

5. 收割台位置和割幅传感器

收获机在田间作业时需要转弯等，一般都在已收割过的田间空地进行，此时收割台需要停止工作并提升到一定位置，通过收割台位置传感器使收获机自动暂停作业面积的计算。常见的传感器有位移传感器和机械式行程开关位置传感器，由于后者容易受到环境的影响，且需要进行手动调整，一般很少在生产中使用。

关于割幅宽度，一种超声波传感器可以实现该宽度的动态测量。传感器发出超声波，超声波传播遇到谷物边缘发生反射，传感器根据接受反射波的时间测得离谷物边缘的距离，从而计算出实际使用的割台宽度。割幅宽度借助超声波测距传感器进行动态测量，测距传感器安装在分禾器内，通过测量分禾器与谷物茎秆边缘的距离，计算出实际使用的割幅宽度。

6. 计算机系统

在田间作业过程中要求驾驶员掌握收获机的工作状态，因此计算机系统一般安装在驾驶室中，与计算产量的所有传感器进行连接。此外，还附有输入键盘，驾驶员可以手动输入或选定某些数据(如设定割幅宽度、设定收割台提升高度等）和需要的某些标记（田块号等）。显示器上也可显示谷粒含水率、瞬时产量、某块地的平均产量、收割作业面积、行驶速度以及DGPS接收信号的质量等数据，供驾驶员参考。此外，计算机系统还具有处理或储存各种数据的功能。

二、测产原理与产量图

（一）测产原理

通过安装在收获机上的DGPS卫星定位接收装置、速度传感器和收割台位置以及幅度传感器等，可以给出收获机在田间作业的地理位置的动态坐标、割幅宽度数等；谷物湿度传感器、谷物流量传感器等，可以在设定的时间间隔内自动计量规定的标准含水量的产量，根据对应的地理位置数据和割幅宽度等计算对应时间间隔内的作业面积，进一步计算单位面积的产量。

联合收获机在田间作业某时刻所测得的单位面积产量$Y_G(t)$的计算公式为

$$Y_G(t)=\frac{m_G(t)}{v(t)\times W_c(t)}\times\frac{[1-U_G(t)]}{[1-S_G]}$$

式中，$Y_G(t)$为瞬时t所测的单位面积产量；$m_G(t)$为瞬时t所测得的谷物质量流量；$v(t)$为瞬时t的行驶速度；$W_c(t)$为瞬时t的割幅宽度；U_G为瞬时t的谷物含水量；S_G为谷物标准含水率。

（二）产量分布图

通过地理位置、谷粒流量、收割宽度和行驶速度等数据以及单位换算和标定等进行多方位产量数据的采集，以及数据储存与传送、交换，进一步通过机载或非机载计算机系统和相应的软件处理，计算出瞬时产量、田块平均产量、每公顷平均产量等数据，并生成各种产量统计数据、数据库和数字化产量分布图，了解田间产量高低的空间分布。

三、美国CASE2366谷物联合收获机AFS系统简介

(一)AFS系统工作原理

美国CASE公司于1996年提出了先进农作系统(advanced farming systems，AFS)的技术理念，其基本技术思路是在充分认识农田内作物产量与作物生长环境因素的空间分布差异性的基础上，实施定位处方农作，从而达到充分发挥土壤潜力、节约投入、提高产出—投入比、减少环境污染的目的。在美国CASE IH公司生产的带有AFS产量监视系统的CASE2366联合收获机中，谷物收获机由DGPS、产量监测器、前进速度传感器、净粮升运器轴速传感器、割台高度电位器、谷物流量传感器、谷物含水量传感器和数据卡及图形软件等组成。谷物流量传感器位于净粮推运搅轮的顶部，谷物进入升运器顶部时，在导流板的引导下打击传感器的冲击板，从产量监测器发出电信号，此信号的输出和谷物流量成正比。由净粮升运器轴速传感器的输出信号对流量传感器的输出信号进行校正。信号处理单元对前进速度传感器、升运器轴速传感器、谷物含水量传感器、割台高度电位器及谷物流量传感器的输出进行整合处理，测定机器行走距离、工作面积、瞬时谷物含水量和瞬时谷物流量。DGPS为这些信号提供重要的位置信息。所有这些信号传递到产量监测器，由系统软件通过现场标定的方法有效地减少实测误差，然后将数据记录在数据卡上，得到对应每一空间位置所收获的小区产量的数据。把数据卡带回办公室后，即可在通用微机上利用专用数据软件生成小区产量空间分布图，用于产量分析并作为实施变量农作的基础。

(二)AFS系统收获前及收获中的设定

在收获前和收获中需要对收割机和AFS进行设定，主要包括：设定日期和时间；选择正确的联合收获机类型；设定地块，即给每

个地块一个特定的名称；选择要收获的谷物种类；设定割台类型和宽度；设定数据单位，英制或公制；设置 GPS 采样的时间间隔；根据作物类型设定割台停止的高度，因为收获时，当割台高度超过停止高度时，不计算产量和面积；等等。每天开始收割前，需要认真检查上述的各种设定，任何一项设置出现错误都可能导致全天的收获数据无效。例如，割台宽度的设定，正常收割时为 6 m，如果前一天在最后的收割过程中，将割台宽度调整为 2 m，在第二天收割时没有及时调整，这样就导致了当天所有面积数据的错误，因为收获机是按照割台宽度乘以行走距离来计算面积的。同时，要注意在收割某一地块前，一定要设置割台停止工作的高度，因为割台高度传感器将相对于收割机的高度信号传递给产量监测器，以确定是否计算行走距离和面积。当收割某种作物时，要把割台放在规定割茬的位置上，从驾驶室仪表上看到割台高度所在的位置，将此高度设定为割台停止工作的高度，一旦割台的高度超过此值，将不计算产量。

（三）AFS 收获中的标定

对 AFS 系统的标定包括对距离、面积、温度、湿度和产量的标定。

1. 距离标定

在收获前，找一块条件类似于将要收获的土地进行距离标定。方法是首先用皮尺量出一定的距离，用标杆做好标识。用收获机测量，终端上显示出测量距离，若测量距离与实际距离不相等，则在输入实际距离后系统计算出一个校正系数。

2. 面积标定

因为在收获机进入地块放下割台或离开地块升起割台的过程中有少许误差被计入，为了消除这些误差，就要进行面积标定。面积标定的方法与距离标定类似，首先用皮尺或 DGPS 测定要收割区域的面积，等收割完成后，终端上会显示出测量面积，如果与实际面积不相等，在输入实际距离后按“校准”按钮，系统则计算一个面积校正系数。

3. 温度和含水量标定

在联合收获机的谷物含水量传感器中安装了温度传感器，是用来校正由于收获作物时外界温度的变化对作物水分测量精度的影响。当收满一个粮仓时，比较温度传感器得到的作物温度与实际测量所得到的温度，并将传感器测量的温度调整到实际温度。为了提高作物含水量测量的精度，需用一台精度较高的谷物水分测试仪作为参考，对传感器进行标定。在小麦收获试验的含水率标定中，标定前的测量值与实际值间的平均相对误差为6.7%，而标定后在误差验证试验中两者的相对误差仅为0.235%，减少了6.465%。

4. 质量标定

将收获的作物用标准计量秤称量，然后将产量监测器显示的谷物质量值调整到实际的质量值，使产量监测器达到最大精度。每次质量标定中的称重次数应当进行3次以上，每次的质量应在1 400 kg以上。在标定质量时，对应每次称重，要求联合收获机的速度要有所变化，每次的质量应相近，这样标定的结果才会比较准确。

(四)数据分析及处理

CASE IH公司的Instant Yield Map数据处理软件，可根据原始数据得到Raw Data Point、Grid Map、Smooth Grid Map和Contour Plot三种产量分布图，每种图还可将产量分成不同的等级，这样可以快速看出田间的情况并标注出低产区域。

第二节　智能型变量控制农业机械

智能型变量控制农业机械，即智能化农业机械（intelligence agricultural machine，IAM）或称智能控制系统下的农机具，智能控制农机（intelligence control system，ICS）。该机械是实现精确农业的基本设备。智能化农业机械通过DGPS技术实现精确定位，根据实时监控数据的采集或前期获得的处方图，生成与机械配套的田间作业智能控制软件，针对农田小区存在的差异自动执行分布式变量投入决策。

一、精确种植的农机体系

作物种植包括耕作整地、播种、施肥、施药、灌溉、收获等各个环节，与其相应配套的作业机械构成农机体系。作物精确种植，以有测产功能的联合收获机获得的产量分布图或田间实时相关信息的采集为基础，分析、明确田间谷物产量分布或作物长势与长相的差异性，从而进行田间诊断，寻找造成差异的原因，并提出针对性措施加以优化和调整。这些措施加以量化，通过指令形式传递给智能变量控制的农业机械，进行差异性投入与作业，从而实现精确农作。即在获取农田小区作物产量和影响作物产量形成的环境因素差异性信息的基础上区别对待，按需实施定位调控，均衡增产。变量作业技术是精确农业的核心，变量作业机械是实现这一技术的关键手段。实施变量作业的智能化农业机械主要包括：具有测产功能和生成产量分布图的谷物联合收获机，自动控制精度平地机，自动控制实现精密播种、精确施肥、精确施药和精确灌溉等定位控制作业的变量处方农业机械，实施机载农田空间信息快速采集的机电一体化农业机械等。随着精确农作技术的研究、应用与发展，目前国外已有多种商品化的变量处方投入农业机械正在推广应用，其中效益较好的有施肥、喷药和播种机械。

二、精确变量播种机

精确播种是指按精确的粒数、间距和深度播入土壤，可以是单粒精播、线状或带状精播。多粒穴精播。多粒穴精播的每穴粒数相等。精确播种可以节省种子，且不需进行间苗，与普通播种相比，种子在播深、播量、播距等各环节都做到了精确控制，更有利于作物的均衡生长和发育，提高作物产量。精确播种机是实现精确播种的主要手段，在精确农业变量作业的实施中，可以从变量施肥和变量播种两个角度出发，而且所采用的技术和设备可以相通。一方面变量施肥作业，在正常的精确播种条件下，对田间的肥力情况形成处方图，根据养分平衡原理，对不同的操作单元施以不同量的肥料，保证每粒种子得到相同量的养料。另一方面变量播种作业，在正常的施肥条件下，对田间的肥力情况形成处方图，在尽可能保证作物生长农艺要求的前提下，在肥分多的操作单元适当缩小种距，加大播种量；在肥分少的操作单元适当加大种距，减少播种量。保证每粒种子得到相同量的养料。现今对于绿色农业和食品安全的要求越来越高，化肥的施用应尽量控制，变量播种就必然成为实现精确农业和绿色农业的一个重要途径。目前对于精确变量作业更多的研究集中在变量施肥作业上，而对于变量播种的研究相对较少。

排种器是播种机实现精确播种的核心部件，是决定播种机特性和工作性能的主要因素。变量播种机通过控制排种器实现变量播种，按调节方式的不同可分为自动调节型和机械调节型，其具体细化分类如图 4-8 所示。精确农业中的研究多为自动调节型，即对获取的一系列信息进行分析后，控制系统按规定的播量要求调整播量。

根据播种作业田间的墒情、肥力等实际情况，播种机还要进行一些调控。如图 4-9 所示。根据地力和预期产量调整排种轮的转速(n_1)控制播种量(S)以取得相应的单位面积的保苗数。根据土壤的温度、水分和种子特点调整开沟器相对地表的高度，控制覆土深度(δ)要保持在一个要求的稳定值，因此要有相应的传感器探测覆土深度(δ)。根据土壤质地、作物品种、播种密度等条件的变化，通过改变排肥器的转速(n_2)或者出肥口调控单位面积的施肥量(q)，甚至还可以改变肥料的含量和组成。

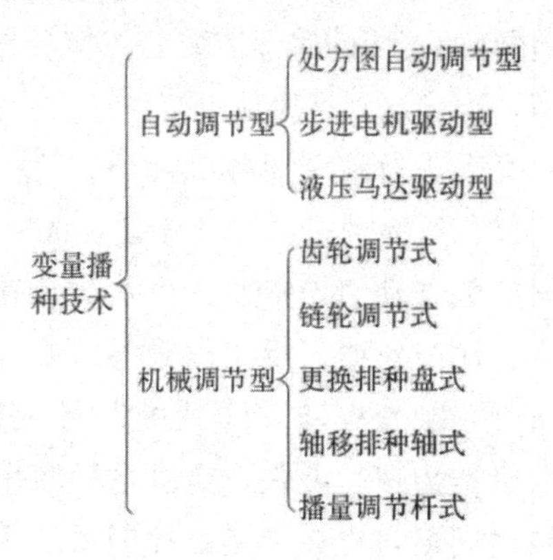

图 4-8　变量播种的技术类别

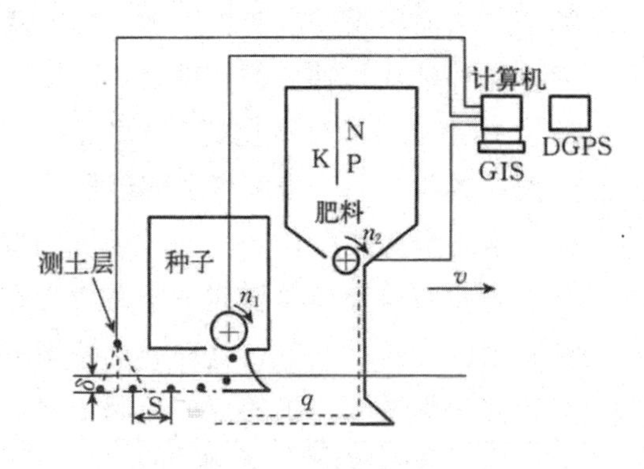

图 4-9　精确播种机示意图

变量播种的实现，首先要测定播种地块土壤养分的含量并形成带有田间坐标的养分分布图，根据不同作物生长的需肥量，计算并得到田间不同位置的播种量决策的电子地图。播种机在作业时，根据播种机械上装配的DGPS接收机确定播种机在田间所处的位置和行进速度，对应计算机提供的播种决策电子地图，由控制系统提供对播种量的控制决策，并由播种量控制执行机构完成变量播种的实施。因此，变量播种依据作物高产管理的要求，按田块各局部(肥力、墒情、土质差异)的不同的实际需要，在播种作业中随时精确地调节播种量和播深，可以达到整块地出苗整齐、种苗茁壮的目的。

中国农业大学娄秀华对精密播种机排种自动控制装置进行了研究。作业时由五轮仪测量播种机的作业速度，8031单片机接收测得的速度数据，并据此数据动态调节步进电机的转速，步进电机作为排种器的执行机构。沈阳农业大学张国梁等对精确农业变量播种技术进行了研究。该研究以AT89S52单片机为变量播种控制系统的核心部件，以步进电机作为执行元件，步进电机输出轴与气吸式精密播种机的排种器轴之间通过链条传动。控制系统根据播种过程中的种距控制代码，通过控制输出给步进电机驱动器的脉冲频率实现对电机转速的实时调节，从而实现以改变种距为基础的变量播种。西南农业大学研制的电磁振动式排种器控制系统，应用在水稻穴盘精确播种机上，穴播量1～3粒的合格率达到90%以上。其硬件电路由光电传感器、红外发射接收电路、光电位置传感器及其放大电路组成，利用光电一体化闭环控制技术实现了电磁振动式排种器的控制。光电传感器及红外发射接收电路用于检测种子是否存在；光电位置传感器用于检测秧盘及其孔穴的位置；单片微机控制器用于采集各传感器的输出信号，并根据要求给出相应的控制信号，使精密播种装置的各个工作部件相互协调动作，排种器每次只排出一粒种子，播种精度较高，很好地实现了精密播种过程。

德国阿玛松(Amazone)公司出品的精确变量播种机是在其气力式 ED 型精确变量播种机的基础上改进而成的。其排种轮由电子一液压马达驱动，可根据机载计算机 Amatron II A 发出的指令进行无级调速(图 4-10)，使得每平方米面积上的播种量满足处方图的要求。为达此目的还要在配套的 DGPS 装置引导下进行田间作业。

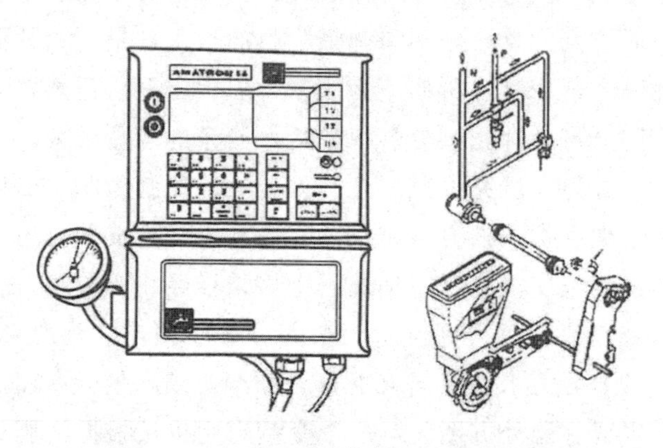

图 4-10　电子一液压控制变量排种系统

三、精确变量施肥机

田间内土壤养分存在差异，导致产量不同。传统的机械施肥方法在同一块农田内均一施肥，没有考虑到田间养分的差异，容易造成局部养分不足或过量，特别是过量的肥料，造成了资源的浪费和环境的污染。变量施肥技术是精确农业变量作业的核心组成部分，它根据作物高产形成养分的需要，基于科学施肥方法(如产量图、养分平衡施肥法、目标产量施肥法、测土配方施肥等)进行肥料的变量投入。实践表明，实施按需变量施肥，不仅可以促进作物的平衡生长，利于高产形成，而且可以大大地提高肥料利用率、减少肥料的浪费以及多余肥料对环境的不良影响，因此其经济、社会和生态效益显著。

（一）变量施肥的技术组成及控制形式

精确变量施肥技术主要由田间空间地理数据、土壤质地和养分等数据、作物营养状况实时数据的采集、决策分析系统、变量控制施肥机及变量控制技术组成。

变量施肥的控制目前有两种形式，一种是实时控制施肥，根据土壤的实时监测信息，控制和调整肥料的投入数量，或者根据实时监测的作物光谱信息分析调节施肥量，但由于卫星遥感、飞机航空遥感等空间分辨率和光谱分辨率较低，测量的误差较大，且成本较高，此种形式尚在研究阶段。另一种是处方控制施肥，根据决策分析后的电子地图提供处方施肥信息，此技术较为成熟。该方式一般首先制作变量施肥处方，一是通过土壤采样经化验分析，获得农田点信息，经差值运算得到全田土壤养分分布图，二是产量分布图，根据高产的养分需求，依据土壤养分分布图或产量分布图等进行施肥决策，形成施肥处方图。第三，变量施肥机械根据施肥处方图进行变量施肥。

（二）变量施肥机械的组成

精确变量施肥机以王秀等研究的变量施肥机为介绍对象，如图4-11所示。精确变量施肥机由拖拉机悬挂和牵引，机架上固定着液压马达驱动排肥轮，通过调整排肥轮的转速改变施肥量。拖拉机驾驶室顶部固定着GPS接收天线和无线电差分信号接收天线。控制计算机主要用于接受外部输入的处方图和田间导航时显示地块作业图。顶棚内前下方固定的导向光棒用于田间作业导航。安装在机架上的测速雷达可以提供准确的机械前进速度，控制系统根据速度和目前的处方图上的施肥数量值，自动地改变液压马达的转速，使实际排肥量与处方图要求的排肥量相一致，经外槽轮排出的肥料通过散射板均匀地分布到地面。

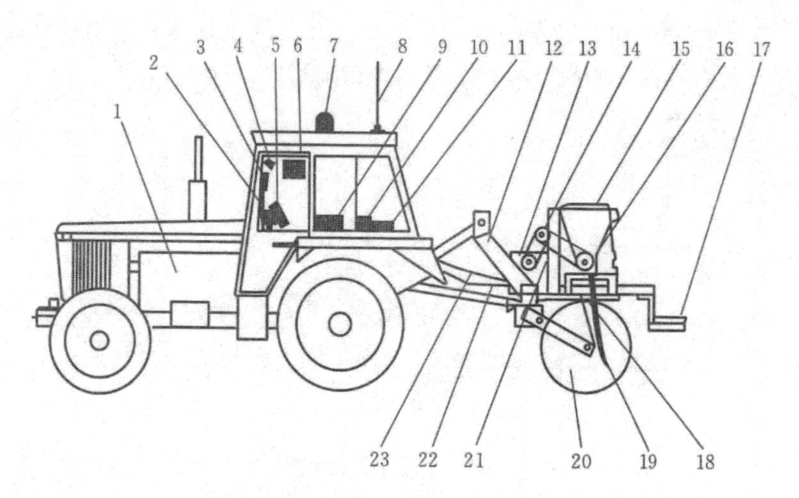

图 4-11　精确变量施肥机

1. 拖拉机　2. 数据交换器　3. 计算机　4. 导向光棒　5. 施肥控制开关　6. 施肥控制器　7. GPS 接收天线　8. 无线电接收天线　9. 接线盒　10. 电源分线盒　11. GPS 流动站　12. 三点悬挂机构　13. 液压马达总成　14. 中间传动轴　15. 肥料箱　16. 排肥机　17. 工作踏板　18. 导肥管　19. 散肥管　20. 地轮　21. 机架　22. 回油管　23. 供油管

（三）变量施肥的工作过程

如图 4-12 所示的机型可按田块的不同需要，有针对性地撒施不同配方及不同量的干粉混合肥。具体工作过程如下：田间各局部土壤所需的肥料、农药及微肥的比率及单位面积用量，都事先已编程存入微处理器中，根据扫描田间作业图，计算机将信息送往电液阀，控制由肥料斗经计量轮排出的肥料量。肥料落人不锈钢输送链后被带到混合搅龙，注入泵和微肥斗分别将农药和微肥注入混合搅龙中。上述混合物（肥料、农药）落到水平搅龙内进一步搅拌并推送到竖直搅龙中。混合物升运到顶后被刮板送到分配头，然后进入输送管中。混合肥此时到达文丘里管与空气流混合。该气流由液压驱动鼓风机产生并被分送到空气多路歧管中，压力升高气流加速将混合肥料带到不锈钢杆管和喷嘴—发射器处随即以扇形撒向地表。

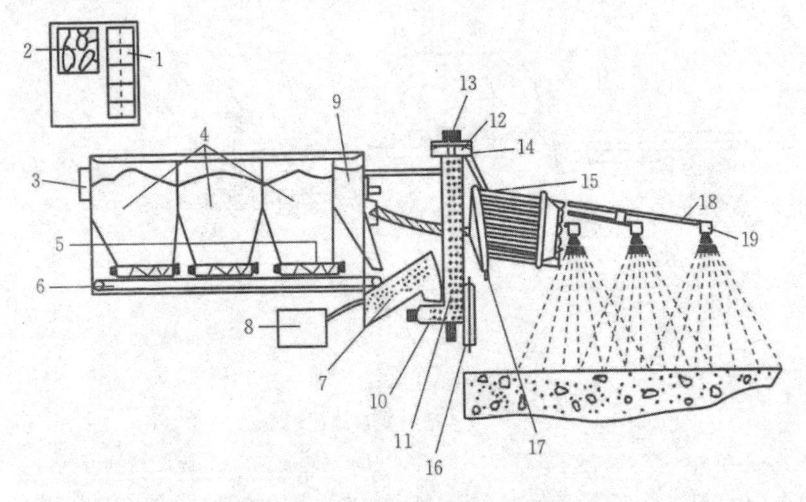

图 4-12　精确变量干粉混合施肥机

1. 微处理器　2. 田间作业图　3. 电液阀　4. 肥料斗　5. 计量轮　6. 输送链　7. 混合搅龙　8. 注入泵　9. 微肥斗　10. 水平搅龙　11. 竖直搅龙　12. 刮板　13. 分配头　14. 输送管　15. 文丘里管　16. 鼓风机　17. 空气多路歧管　18. 杆管　19. 喷嘴一发射

（四）变量施肥的国内外研究应用

吉林农业大学曲桂宝等人对变量施肥机进行了研究。该研究选择外槽轮排肥器为研究对象，利用 SMS 成图软件将施肥决策信息导入 Flash 卡中，作业时利用田间计算机接收 DGPS 位置信号和地面测速雷达测得的实际作业速度以及作业幅宽，调用 Flash 卡中的施肥决策信息控制液压马达的转速，而液压马达通过链轮和万向连接轴与精密播种机的排肥轴连接，进而控制排肥轴的转速实现变量施肥。西安科技大学以液压马达作为驱动排肥机的动力，以 32 位微控制芯片 S3C44B0X 作为控制核心输出电信号，液压马达控制阀门的大小来调节马达的转速，实现对排肥机转速的控制，以达到变量施肥的目的。中国农业大学孟志军等人基于处方图，研究了基于电液比例控制的变量施肥控制技术、低成本地速信号采集处理方法、适合农机机载环境的嵌入式作业控制终端和作业导航等变量施肥系统关键技术。黑龙江八一农垦大学于玲采用Ag132型GPS接收机测定液体施肥机在地块中的经度和纬度定位信息，由机载触摸液晶屏监控计算机根据GIS软件生成的施肥处方图和由雷达车速传感器检测到的施肥机的行进速度而计算出施肥量，再根据流量计(流量传感器)达到自动控制变量施液体肥的目的。河北农业大学牛晓颖等人研究了基于遥感技术和PLC控制的实时冬小麦自动变量施肥系统。

美国Case公司生产的气力免耕系统播种机及气力播种机可随时改变播种和施肥量，最多可改变3种不同类型的种子或肥料的比率，可完成多种作物的作业，如玉米、大豆、小麦及水稻的播种，具备简便、易控制、精确、可靠性高等优点。法国国内使用的肥料撒播机械，在法国全部农业机械中自动化水平最高，由电子化拖拉机与自动喷洒装置组成的联合机组为精确农业变量投入的实施创造了条件。变量离心撒播机和变量自动喷雾机在GPS和GIS的支持下开始投入生产和使用，“女骑士”(AMASAT)肥料撒播变量控制系统已大量应用于各种类型的离心式肥料撒播机上。

四、精确变量灌溉系统

水资源的短缺已经成为制约农业发展的关键因素之一，因此，如何高效利用水资源已成为农业领域研究的重点。传统农业灌溉方式落后、粗放，利用率极为低下，精确灌溉技术作为精确农业的重要技术组成，具有明显的节水、增产、省工以及改善作物品质等优点。精确灌溉技术是以大田耕作为基础，按照作物生长的需水要求，通过现代化的监测手段，对作物生长发育状态过程以及环境要素的现状实现数字化、网络化、智能化监控，同时运用了"3S"技术以及计算机等先进的技术实现对作物土壤、墒情、气候等从宏观到微观的监控预测，根据监控结果，采用最精确的灌溉设施对作物进行严格有效的施肥灌水，以确保作物生长过程中的需要，从而实现高产、优质、高效及节水的农业灌溉设施。

精确灌溉系统一般以旱田为对象，将需要灌溉的区域细分为较小的单元区域，测定每个单元区域各自的特性，制订科学合理的灌溉方案。其技术体系主要包括数据信息的采集、信息的处理和分布式调控三个重要方面。数据信息的采集主要依靠 DGPS 获得定位信息，遥感系统获得遥感信息和基础、动态信息，并形成作物生长环境及长势监测的分布图。信息处理环节主要对信息采集环节获取的数据进行进一步的加工和处理，经过一些数据库管理系统的再加工后进入决策支持系统，从而形成具有针对性的灌溉处方图。配套的大型喷灌设备，经 DGPS 的定位在处方图的指导下通过人工降雨的变量投入，进行精确灌溉。一般常把喷水、施肥、喷药结合在一起。

现以美国爱达荷州阿伯丁(Aberdeen)圆形变量喷灌系统为例加以说明。该系统采用主从微处理器分布式控制，使得臂杆长达 392 m 的喷灌机得以随时调节喷洒流量，以适应各田块因土壤质地、耕作层厚度、地形以及产量潜力不同对水分及农药的不同需求。系统仪表包括两支 0～100 PSI 压力传感器和一个 0～1 000 GPM 流量计。以电子控制变速驱动供水泵和药液泵来调节流量，该分布控制系统采用了 Echelon CSMA－CA (carrier sense multiple access with collision avoidance 载波传感多路访问/冲突避免)双向网络，直接经由 480 V 交流动力电网通信。具体如图 4-13 所示。

五、精确变量喷药机械

在作物高产的田间管理过程中，经常发生病、虫、草害，严重

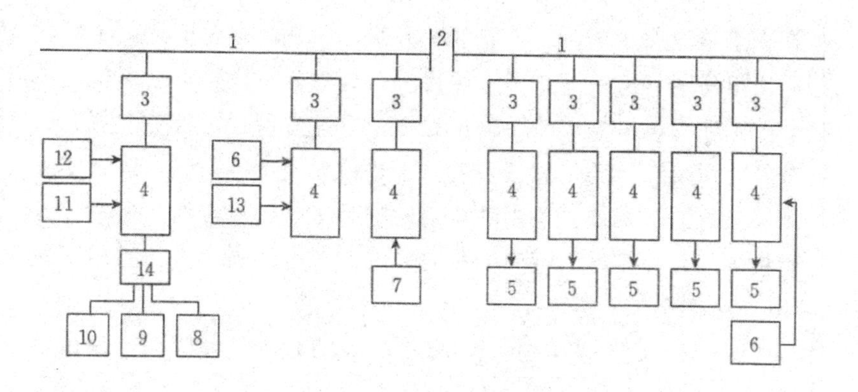

图 4-13 精确变量灌溉控制系统图

1. 三相 480 V 交流 2. 转动枢轴 3. 动力线插座 4. 微机及通信网络 5. 阀控制器 6. 压力传感器 7. 位置编码 8. 串行接口 9. 键盘 10. 液晶显示 11. 水泵变速驱动 12. 流量计 13. 药液泵变速驱动 14. 主机

影响作物的正常生长。生产上，通常采取农业生态防治、生物防治和化学防治大田病、虫、草害。由于生态防治和生物防治效果慢，大部分病、虫、草害主要依靠化学防治方法进行及时控制。长期大量、大规模使用化学农药，特别是传统农药施用方法，肥料利用率很低，不可避免地增加了农业投入，带来了病、虫、草的抗药性，次生性害虫的爆发，环境污染以及农药残留超标等令人担忧的生态与农产品安全问题。因此人们越来越感到迫切需要提高农药靶向针对性，精确喷洒农药，大幅度提高农药利用率，限制农药的使用量，减少环境污染。

精确变量喷药机技术上要解决的三大问题是喷药的靶向针对性、喷雾流量的控制与雾滴大小相互影响；喷药量与行驶速度的相互影响；小区药量及雾滴大小不能按处方图要求定位调节。

国外已在研制光反射传感器，利用土壤和绿色作物的叶子等能反射不同波长的光波，来辨别土壤、作物和杂草。利用反射光波的差别，鉴别缺乏营养或感染病虫害的作物叶子，进行精确变量施药。

如在变量施加除草剂时，常有两种方法，一种是事先用杂草传感器绘制出田间杂草斑块分布图，然后综合处理方案，给出杂草斑块的处理电子地图，由电子地图输出处方，通过变量喷药机械实施；另一种是利用杂草检测传感器，随时采集田间的杂草信息，通过变量喷洒设备的控制系统，控制除草剂的喷施量。研究表明，通过处方变量投入，大大提高了喷药的靶向针对性，可使除草剂的施用量减少40%～60%。

PATCHEN公司生产的Weeds Seeker PhD600是应用半导体二极管光反射传感器的农药变量供给系统，它应用发光二极管为光源，光电二极管接收并分析反射的光波数据，经计算处理产生信号并控制农药喷嘴阀。只有当杂草出现时才可以针对性地喷洒除草剂，这样可以大幅度减少除草剂的使用量。

喷药量和雾滴大小的控制系统基于改进的脉宽调制技术(pulse width modulation，PWM)，根据事先绘制好的田间喷药(处方)图的要求和GPS对喷药机的田间定位，来独立调节药量和雾滴的大小。如图4-14所示，差分GPS接收器提供的地理位置、行驶方向和距离数据存入机载计算机。该计算机根据用户事先设定的喷药量和雾滴大小在田间的分布图，来决定田间逐个位置喷药的流量和压力。压力控制回路是由一个电液控制阀及离心喷雾泵组成的，压力的设定值来自机载计算机给定值，流量控制器保持着流量的闭环控制。流量的设定被输入的行驶速度值自动调节。该系统安装在喷药拖车上，流量可调范围达4∶1，而压力变化为70～700 kPa，响应速率达1～2 Hz。

基于杂草分布图的控制策略，存在实时性问题。因为杂草分布的图形成往往滞后，田间状态可能已改变，基于机器视觉检测和定位成行作物用于田间作业已成为国内外学者研究的热点，以美国、日本为代表的一些发达国家已经开始研究面向农业生产的农药可变

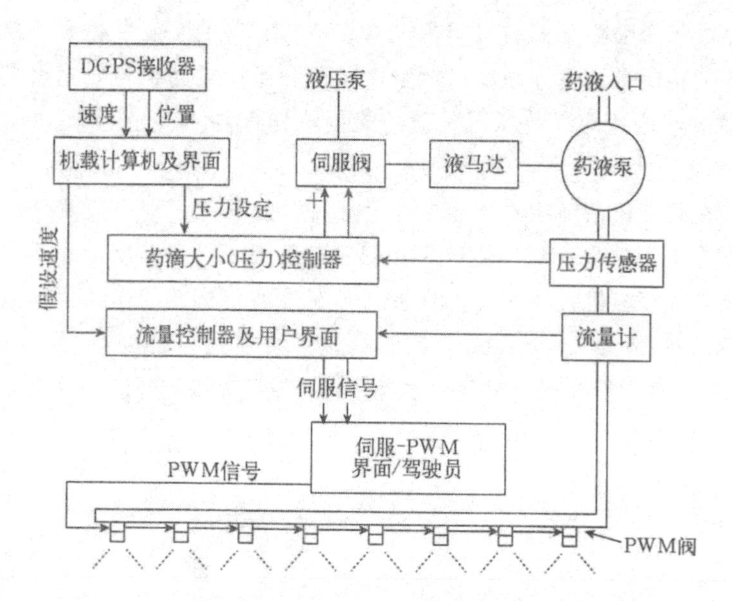

图 4-14　集成 PWM 流量及雾滴大小调节的变压控制器

量的应用。经过十多年的探索，目前较为成熟的有基于地图的和基于实时传感技术的农药变量喷洒系统，即利用机器的视觉系统实时获得杂草空间分布信息，仅对杂草丛生的区域喷施所需数量的药剂，这样更有效率，且对环境的危害最小。

视觉系统中包括多个摄像机，每个摄像机辨识一行作物，多个摄像机获得的多幅图像在被计算机处理前合成为一幅独立的图像，使用近红外线滤波器产生高对比度的植物图像，如 CCD 摄像机对 700～1 100 mn 范围内的反射光是敏感的。摄像机位于喷施杆前 1m，一是提高分辨力被感知，二是图像处理便于及时用于喷药机速度传感和电磁阀控制。

传统的化肥撒施喷药机上，喷嘴间距和喷杆高度的选择主要依据总体的喷施模型的一致性要求，而对于新型的精确喷药机，传感系统空间分辨力被认为是选择喷嘴间距的主要因素。每个喷嘴单独控制，每个喷嘴覆盖的田间带尺寸应该是相等的，或者稍大于视觉系统的检测带。喷杆高度可调整，以便图像视觉面积和喷施重叠量能够很好地适应作物状况，喷药机前进速度为 1.6～5 km/h（1～3mph）。

在喷雾机精确喷雾作业中，喷雾目标的准确识别与检测是一项重要的工作。欧洲 ISAFRUIT 项目资助开发了一种新型的多通道对靶风送式喷雾机，该喷雾机具备基于超声波传感器的作物识别系统（crop identification system，CIS），该系统在拖拉机以 2、4、6、8 km/h 行进中能准确地识别喷雾目标，并控制喷头的开启与关闭，实现精确喷雾。

第五章　农产品电子商务

第一节　农产品电子商务的基本概念

一、农产品电子商务的内涵和外延

农产品电子商务的实质是将农产品作为电子商务交易的对象，但是并非所有的农产品都适宜进行电子商务交易，因此需要首先研究农产品电子商务的定义与交易范围。

（一）农产品电子商务的内涵

农产品电子商务是指以农产品生产为中心而发生的一系列电子化交易活动，包括农业生产管理、农产品网络营销、电子支付、物流管理以及客户关系管理等。农产品电子商务以信息技术和全球化网络系统为支撑，将现代商务手段引入农产品生产经营中，保证农产品信息收集与处理的有效畅通，通过农产品物流、电子商务系统的动态策略联盟，建立起适合网络经济的高效能农产品营销体系，实现农产品产供销的全方位管理。

（二）农产品电子商务交易范围的界定

世界贸易组织（WTO）的产品分类，将农产品界定为“包括活动物与动物制品、植物产品、油脂及分解产品、食品饮料”。根据《中华人民共和国农产品质量安全法》第二条的规定，农产品是指来源于农业的初级产品，即在农业活动中获得的植物、动物、微生物及其产品。本教材所指农产品主要是可供食用的各种植物、畜牧、渔业产品及其初级加工产品，包括粮食、园艺植物、茶叶、油料植物、药用植物、糖料植物、瓜果蔬菜等植物类农产品；肉类产品、蛋类产品、奶制品、蜂类产品等畜牧类农产品；水生动物、水生植物、水产综合利用初加工产品等渔业类农产品。

二、农产品电子商务的交易特征

农产品电子商务的交易除了具备虚拟化、低成本、高效率、透明化等特点外，还具有一些局限性，如交易受制于产品标准化、物流配送能力、关键技术水平、运营规模、文化与法律障碍等因素。

（一）虚拟化

通过互联网进行的贸易，贸易双方从贸易磋商、签订合同到支付等一系列过程，无须当面进行，均通过互联网完成，整个交易完全虚拟化。对卖方来说，可以到网络管理机构申请域名，制作自己的主页，组织农产品信息上网。而虚拟现实、网上聊天等新技术的发展使买方能够根据自己的需求选择所要购买的农产品，并将信息反馈给卖方。通过信息的推拉互动，签订电子合同，完成交易并进行电子支付。整个交易都在网络这个虚拟的环境中进行。

（二）低成本

电子商务使得农产品买卖双方的交易成本大大降低，具体表现在以下几方面：

①买、卖双方通过网络进行农产品商务活动，无须中介参与，减少了交易的有关环节。

②交易中的各环节发生变化。网络上进行信息传递，相对于原始的信件、电话、传真而言成本被降低；卖方可通过互联网络进行产品介绍、宣传，大大节省了传统方式下做广告、发印刷品等宣传

费用；互联网使买卖双方即时沟通供需信息，使农产品无库存生产和无库存销售成为可能，库存成本降到极低，甚至实现零库存。

③企业利用内部网(Intranet)实现“无纸办公(OA)”，90%的文件处理费用被削减，提高了内部信息传递的效率，节省时间，并降低管理成本。通过互联网把公司总部、代理商以及分布在其他地区的子公司、分公司联系在一起，及时对各地市场情况做出反应，即时生产，即时销售，降低存货费用，采用快捷的配送公司提供交货服务，从而降低产品成本。

(三)高效率

由于互联网络将贸易中的商业报文标准化，使商业报文能在世界各地瞬间完成传递与计算机自动处理，原料采购，产品生产、需求与销售，银行汇兑、保险，货物托运及申报等过程无须人员干预，而在最短的时间内完成。传统贸易方式中，用信件、电话和传真传递信息必须有人的参与，且每个环节都要花不少时间。有时由于人员合作和工作时间的问题，会延误传输时间，失去最佳商机。电子商务克服了传统贸易方式费用高、易出错、处理速度慢等缺点，极大地缩短了交易时间，使整个交易非常快捷与方便。

(四)透明化

买卖双方从交易的洽谈、签约到货款的支付、交货通知等整个交易过程都在网络上进行。通畅、快捷的信息传输可以保证各种信息之间互相核对，防止伪造信息的流通。如在典型的许可证 EDI 系统中，由于加强了发证单位和验证单位的通信、核对，假的许可证就不易漏网。海关 EDI 也能帮助杜绝边境的假出口、兜圈子、骗退税等行径。

三、农产品电子商务的局限性

（一）交易成败很大程度上受制于产品标准化和物流配送能力

对农产品进行标准化质量分级是农产品进行电子商务交易的基本前提。现实的市场销售或采购，卖方和买方都能对产品的质量、特性有直接的认识和把握，并据此进行交易。而在网上销售的过程中，买方只有在交易达成并在产品到达之后才能亲眼见到产品。这就需要买卖双方或双方承认的第三方来对农产品进行标准化鉴定，并对成品进行质量分级。

发达的农产品物流配送能够使农产品的生产、运输和深加工过程变得更加方便、快捷。通过统一的组织和协调，众多分散的小农户形成了一个销售团体，从而在农产品交易过程中节约了信息成本、合同谈判成本。通过这样的整合可以实现精确生产和订单生产，降低农户的种植风险，同时可以提高农产品在市场上的竞争力。

（二）受到关键技术水平、运营规模、文化与法律条款的影响

水果和蔬菜之类的农产品不易在网上销售，因为客户总是希望亲自挑选新鲜商品。对于很多商品和服务来说，实现电子商务的前提是大量的潜在顾客有互联网设备并愿意通过互联网购物。但对于农产品销售来说，拥有强烈的网上购买意愿常常比较困难。如美国网上超市 Peapod 公司虽然经过 10 年的苦心经营，目前也只能覆盖到 13 个城市。网上超市除了销售区域受到限制外，销售品种也主要集中在包装商品或品牌商品。

农产品电子商务的开展往往需要在人口稠密的大城市，吸引到足够的客户群，拥有足够的销售规模。

想在互联网上开展业务的企业面临的困难是，现有用来实现传统业务的数据库和交易处理软件很难与电子商务软件有效地兼容。

虽然很多软件公司和咨询公司都声称能够完成现有系统与网上业务系统的整合，但是收费昂贵。除了上述技术和软件方面的问题，很多企业在实施电子商务时还会遇到文化和法律上的障碍。一些消费者不愿在互联网上发送信用卡号码，也担心从未谋面的网上商店过于了解自己的隐私。还有些消费者不愿改变购物习惯，他们不习惯在计算机屏幕上选购商品，而愿意到商场亲自购物。电子商务所面临的法律环境也充满了模糊甚至互相矛盾的条款。在很多情况下，政府立法机构跟不上技术的发展。

四、农产品电子商务的优势

（一）经营成本低

零售企业开店投入的资金中，相当一部分花在地皮上。在大城市，寸土寸金，一些繁华地带的地租动辄每平方米上万元，这样的高成本投入，使得我国零售企业在与“狼”共舞中很难拥有价格优势。而农村市场开发程度低，地价也大大低于城市，大大节约了企业的资金，降低了经营成本。另一方面，农村地区劳动力成本也大大低于城市。大城市人口密度大，消费水平高，劳动力工资水平自然也水涨船高，平均工资多在千元以上；中小城市、农村地区，收入水平与大城市整体相差悬殊。

（二）竞争阻力小

相对于大城市你死我活的惨烈商战，中小城市和农村存在着明显的竞争不足。目前，占据这些地区商业领域的主要是一些地方的中小型商业企业以及为数众多的零散经营个体零售业者，普遍存在着规模小、布局混乱、组织化程度低、商品质量差等诸多问题。因此，我国商业零售企业正好可以充分利用自身在品牌、资金、管理等方面的优势轻松占领市场。除了直接投资开店之外，还可通过收购、兼并、嫁接、加盟等形式的资产重组吸纳那些当地不景气的商场、市场，实现低成本、大规模的扩张。

（三）市场潜力大

我国是一个农村人口占绝大多数的国家，13 亿人口中 70％以上分布在农村地区，从这个意义上说，只有占领了农村市场才是真正占领了我国市场。尽管现在农民的购买力相对比较低，但农村丰富的人口资源在一定程度上弥补了购买力的不足。从长远来看，我国要建设小康社会，农村经济的发展、农民收入的提高是关键，因此农民购买力的提高是一个必然趋势，农村市场的潜力是无限的。随着中国加入 WTO，国际零售巨头加快了进入我国的步伐，大城市市场竞争空间日益狭小，外资零售企业进军我国农村市场是迟早的事。

五、品牌农产品借势电子商务

电子商务时代，农产品迎来了前所未有的发展机遇。电子商务正在改变商业生态，吉林查干湖的胖头鱼、福建莆田的桂圆干、北美阿拉斯加的帝王蟹都在通过网络走近你我身边。网络营销成本低，但是品牌宣传覆盖面广、力度大，优质农产品完全可以抓住这个机遇实现跨越式发展，走出区域限制，拿下全国市场。

（一）电子商务时代为农产品品牌营销提供新机遇

新的电子商务时代的到来，能为传统农产品品牌营销提供一个跨越式发展平台。由于电子商务改变了人们的消费结构，为农产品销售打破时间和空间上的制约，成为品牌农产品的“秀场”和“卖场”。某电子商务平台，仅通过一天网络团购，上海第一食品厂就收到了 10 461 人的猪肉红肠订单申请、2 463 人的秘制熏鱼以及 1 362 份上海酱鸭；800 千克的福建特产莆田桂圆干更在一小时之内卖光。

网络销售不但为解决农产品“买贵”“卖难”问题提供新思路，更为农产品提供了更灵活、更有效的品牌营销模式。

（二）借助网络还需自身素质过硬

品牌农产品通过电子商务能够实现跨越式大发展。由于农产品企业在以较小成本加入电子商务平台后，一方面可以通过网络享受到专业化的信息服务和增值服务，帮助其拓展市场，更好地促进农产品的销售。另一方面，电子商务能够准确实现农产品生产与市场需求的对接，加快产品结构调整，帮助农产品企业抵御供需矛盾带来的市场风险。

浙江省丽水市的遂昌县是中国农村电子商务的先行者。通过电子商务实现了小农田与大市场的对接，让农民尝到了网上销售的甜头。不过，电子商务平台想要进一步发展，电子商务方面的人才还需要进一步增加，农业产业化的道路还需要进一步深入。成立“电子商务联盟”，借助联盟平台，为物流谈判和人才教育、硬件设施共享带来帮助。

网络销售能够为农产品品牌营销提供新思路，但打造品牌的关键，还是在于企业自身是否过硬。无论是通过网络还是实体，一个成功的农产品品牌想要做好，就需要为自己的产品制定一个目标长远的品牌营销战略，找到独到的市场特色，找准市场稀缺点，制定企业产品研发方向，从而赢得市场。

第二节　农产品电子商务的作用

一、农产品电子商务发展的新机遇

2015年两会上，总理报告中的“互联网＋”一亮相便引起热议，各个行业都在讨论互联网加了自己会怎么样。作为一个农业工作者，我也凑个热闹，说说我眼中的“互联网＋农业”。刚好在读《工业

4.0——即将来袭的第四次工业革命》，主要是讲人类将迎来以信息物理融合系统(CPS)为基础，以生产高度数字化、网络化、机器自组织为标志的第四次工业革命，很受启发。可以看出，在互联网技术的推动下，基于人机互动、社交新媒体、大数据、云计算、物联网等新兴科技发展的基础，工业正在从传统的技术推动型向软件控制型进化，即嵌入式软件系统将主宰工业的整个产品周期，从研发到设计再到生产再到改进与回收等，以适应消费需求的多样化与小批量生产，也适应不断复杂的产品功能与控制系统，形成智能工厂与智能生产。这就预示着，互联网已经由我们传统意义上的一种工具、一种载体、一种思维方式全面渗透进产业的各个环节，整合为一体，并在其中居于主导地位。套用“改革中的问题要通过改革来解决”一说，则互联网带给产业的现实问题也要通过互联网来进一步解决，任何躲避与视而不见，都是十分危险的，其代价要么是被边缘化，要么将被历史淘汰。

那么再看互联网与农业，一个现代一个传统，一个像阳春白雪，一个像下里巴人，本来风马牛不相及，但这两年随着互联网技术对农业的渗透，互联网与农业逐渐紧密结合起来，从对农业的深度改造开始，到颠覆农业的传统营销模式，再到互联网公司跨界进入农业生产领域，一场轰轰烈烈的互联网农业盛宴正在上演。所以，“互联网＋农业”不是正在讨论的未来问题，而是正在发生的当代问题，不是理论问题，而是实践问题。

实际上，在2012年11月召开的中国共产党第十八次全国代表大会上，“四化同步”被写入大会工作报告，即在确立城乡一体最终路径的基础上，进一步提出“促进工业化、信息化、城镇化、农业现代化同步发展”，从原来的“三化(工业化、城镇化、农业现代化)同步”到“四化同步”，标志着对信息化和农业现代化关系的认识达到一个新的历史水平，也表明信息化不再只是推进农业现代化的一种技术工具，而是作为一种新型生产力的核心要素融入现代农业产业体系和价值链。也就是在这种背景下，互联网农业已经呈现出方兴未艾之势。

互联网+农业，就目前的实践看，主要是将互联网技术运用到传统农业生产中，利用互联网固有的优势提升农业生产水平和农产品质量控制能力，并进一步畅通农业的市场信息渠道、流通渠道，使农业的产、供、销体系紧密结合，从而使农业的生产效率、品质、效益等得到明显改善；如果再放眼未来的话，那农业也可能在互联网的影响下走上一条智能化、多样化的发展道路，这将取决于互联网在农业中的渗透程度与实际运用融合程度。

二、农产品电子商务正让农业驶入信息化时代

凭经验，靠感觉，看别人的样子，这种传统的农业生产经营模式正因为互联网的普及而加速改变，大量的农民正在运用互联网决策自己的生产经营活动。由于互联网的信息收集优势，大量农业相关的市场信息、产品信息、技术信息、资源信息开始网上汇集，并出现专业分析，大大方便了农业生产经营决策。到今天为止，中国已有4万家农业类网站，演化出综合门户、研究分析、专业集成、产销对接等不同定位的农业网站，并进一步呈现加快细分的态势，不仅种植业、畜牧业、渔业、农产品加工等次级行业已经分开，就是每个行业内部也逐渐专业化，玉米、马铃薯、牛、羊、猪等专业网站不断涌现。特别是近几年，农业新媒体开始活跃，微博、微信、手机平台相继出现，农业信息化已向纵深挺进。

三、农产品电子商务正加速农业现代化的发展

互联网的信息集成、远程控制、数据快速处理分析等技术优势在农业中得到充分发挥，3G、云计算、物联网等最新技术也日益广

泛地运用于农业生产之中，集感知、传输、控制、作业为一体的智能农业系统不断涌现和完善，自动化、标准化、智能化和集约化的精细农业深度发展。在一些现代化的种养殖基地中，早已告别传统的人力劳动场景，养殖场管理人员只要打开电脑就能控制牲畜的饲喂、挤奶、粪便收集处理等工作，农民打开手机就能知晓水、土、光、热等农作物生长基本要素的情况；工作人员轻点鼠标，就能为远处的农作物调节温度、浇水施肥。而基于互联网技术的大田种植、设施园艺、畜禽水产养殖、农产品流通及农产品质量安全追溯系统加速建设，长期困扰农业的标准化、安全监控、质量追溯问题正因为互联网的存在而变得可能与可操作。

四、农产品电子商务已为农产品销售搭建新平台

利用互联网，将产销之间的距离大大拉近，让产销充分对接、消费者与生产直接见面成为现实中的可能，有利于减少生产的盲目性，扩大销售的视野，有效对抗市场风险。特别是随着电子商务的兴起，农产品流通领域互联网程度明显提高，国家级大型农产品批发市场大部分实现了电子交易和结算；电商又进一步让农产品的市场销售形态得到根本性改变，从最初的干果、茶叶、初加工品网上销售开始，在仓储物流技术和条件不断改善的情况下，生鲜农产品的网上销售也得到破题，农产品电商 2014 年达到 1000 亿元规模，大量生鲜电商创新案例涌现，出现生鲜电商八大平台，跨境生鲜电商风生水起。与此同时，微博、微信与电商结合来推销农产品的成功案例层出不穷，微营销中农产品的身影频频出现。

五、农产品电子商务将为农业带来新的发展方式

互联网在与传统产业的结合中，越来越表现出不甘于配角地位的特征，一步一步渗透并在最终主导传统产业的发展方式。如果说

前面提及的三个方面还只是互联网对农业的介入和改造的话，则近年出现的互联网营销让农业的发展方式从根本上改变了，这就是颠倒了一般意义上的“生产——销售”模式，是运用大数据分析定位消费者的需求，按照消费者的需求去组织农产品的生产和销售，从而让农产品不再卖难在理论上成为可能，也在现实中得到初步的实践，形成了电子商务的“C2B”模式，即消费者对企业（Customer To Business）。比如，乐视网就宣布其有机农业运营上借鉴 C2B 订单销售模式，而在 QQ 农场模式基础上融合预售与电商模式的聚土地项目已经完成第二代升级，大量的农业类众筹开始出现，互联网正让农业的生产方式发生根本性转变。

第三节　农产品电子商务的产生和发展

一、我国电子商务的产生与发展阶段

自从 20 世纪 90 年代电子商务概念引入我国之后，它得到了迅速的发展，显现了巨大的商业价值，在我国政府及信息化主管部门的指引下，电子商务发展经历了以下几个阶段：

（一）认识电子商务阶段（1990－1993 **年**）

我国于 20 世纪 90 年代开始开展 EDI 的电子商务应用，从 1990 年开始，国家计委、科委将 EDI 列入“八五”国家科技攻关项目，1991 年 9 月由国务院电子信息系统推广应用办公室牵头，会同国家计委、科委、外经贸部等 8 个部委局，发起成立中国促进 EDI 应用协调小组。1991 年 10 月成立中国 EDIFACT 委员会并参加亚洲 EDIFACT 理事会。我国政府、商贸企业以及金融界认识到电子商务可以使商务交易过程更加快捷、高效，成本更低，肯定了电子商务是一种全新的商务模式。

(二)广泛关注电子商务阶段(1993—1998 **年**)

在这一阶段，电子商务在全球范围迅猛发展，引起了各界的广泛重视，我国也掀起了电子商务热潮。1993—1997 年，政府领导组织开展了金关、金卡、金税等三金工程。从 1994 年起，我国部分企业开始涉足电子商务；1995 年，中国互联网开始商业化，各种基于商务网站的电子商务业务和网络公司开始不断涌现；1996 年 1 月，中国公用计算机互联骨干网(CHINANET)工程建成开通；1997 年 6 月中国互联网络信息中心(CNNIC)完成组建，开始行使国家互联网络信息中心职能；1997 年，以现代信息网络为依托的中国商品交易中心(CCEC)、中国商品订货系统(CGOS)等电子商务系统也陆续投入运营；1998 年 3 月 6 日，我国国内第一笔网上电子商务交易成功；1998 年 10 月，国家经贸委与信息产业部联合宣布启动了以电子贸易为主要内容的“金贸工程”，这是一项推广网络化应用、开发电子商务在经贸流通领域的大型应用试点工程。因而，1998 年甚至被称为中国的“电子商务”年。

(三)电子商务应用发展阶段(1999—2010 **年**)

在这个阶段中，国家信息主管部门开始研究制定中国电子商务发展的有关政策法规，启动政府上网工程，成立国家计算机网络与信息安全管理中心，开展多项电子商务示范工程，为实现政府与企业间的电子商务奠定了基础，为电子商务的发展提供了安全保证，为在法律法规、标准规范、支付、安全可靠和信息设施等方面总结经验，逐步推广应用。

1.1999—2002 年初步发展阶段

企业的电子商务蓬勃发展，1999 年 3 月阿里巴巴网站诞生，5 月 8848 网站推出并成为当年国内最具影响力的 B2C 网站，网上购物进入实际应用阶段。1999 年兴起政府上网、企业上网、电子政务、网上纳税、网上教育、远程诊断等广义电子商务开始启动，并已有试点，进入实际试用阶段。2000 年 6 月，中国金融认证中心(CFCA)成立，专为金融业务各种认证需求提供书证服务。2001 年，我国正式启动了国家“十五”科技攻关重大项目“国家信息安全应用示范工程”。然而这个阶段中国的网民数量相对较少，根据 2000 年年中的统计数据，中国网民仅 1000 万，并且网民的网络生活方式还仅仅停留于电子邮件和新闻浏览的阶段。网民未成熟，市场未成熟，因而发展电子商务难度相当大。

2.2003—2006 年高速增长阶段

2005 年，电子商务爆发出迅猛增长的活力。2005 年初《国务院办公厅关于加快电子商务发展的若干意见》的发布，为我国电子商务市场的持续快速增长奠定了良好的基础；《中华人民共和国电子签名法》的实施和《电子支付指引(第一号)》的颁布，进一步从法律和政策层面为电子商务的发展保驾护航；第三方支付平台的兴起，带动了网上支付的普及，为电子商务应用提供了保障；B2B 市场持续快速发展，中小企业电子商务应用逐渐成为主要动力；B2C 市场尽管略显平淡，但互联网用户人数突破一亿大关为 B2C 业务的平稳增长奠定了坚实的用户基础；C2C 市场则由于淘宝网和易趣网的双雄对立，以及腾讯和当当的进入，进一步加剧了市场竞争。2005 年也因此被称为“中国电子商务年”。

这一阶段，当当、卓越、阿里巴巴、慧聪、全球采购、淘宝，成了互联网的热点。这些生在网络长在网络的企业，在短短的数年内崛起。这个阶段对电子商务来说最大的变化有三个：大批的网民逐步接受了网络购物的生活方式，而且这个规模还在高速扩张；众多的中小型企业从 B2B 电子商务中获得了订单，获得了销售机会网商的概念深入商家之心；电子商务基础环境不断成熟，物流、支付、诚信瓶颈得到基本解决，在 B2B、B2C、C2C 领域里，都有不少的网络商家迅速成长，积累了大量的电子商务运营管理经验和资金。

3.2007—2010 年电子商务纵深发展阶段

这个阶段最明显的特征就是，电子商务已经不仅仅是互联网企业的天下。数不清的传统企业和资金流入电子商务领域，使得电子商务世界变得异彩纷呈。B2B 领域的阿里巴巴、网盛上市标志着发展步入了规范化、稳步发展的阶段；淘宝的战略调整、百度的试水意味着 C2C 市场不断的优化和细分；红孩子、京东商城的火爆，不仅引爆了整个 B2C 领域，更让众多传统商家按捺不住纷纷跟进。中国的电子商务发展达到新的高度。

2010 年年初，京东商城获得老虎环球基金领头的总金额超过 1.5 亿美元的第三轮融资；2010 年 3 月 11 日，以大约四五百万美元的价格收购了 SK 电讯旗下的电子商务公司千寻网，目标打造销售额百亿的大型网购平台。B2C 市场上，包括京东商城在内的众多网站，如亚马逊、当当网、红孩子都已从垂直向综合转型，而传统家电卖场苏宁的 B2C 易购也开始销售部分化妆品和家纺等百货商品，而亚马逊又涉足 3C 家电领域。大量海外风险投资再次涌入，几乎每个月都有一笔钱投向电子商务。而依靠邮购、互联网和实体店三种销售渠道的麦考林先行一步，成为国内第一家海外上市的 B2C 企业。2010 年，团购网站的迅速风行也成为电子商务行业融资升温的助推器。受美国团购网站 Groupon 影响，国内在 2010 年 4 月之后涌现出上百家团购网站，其低成本、盈利模式易复制的特点受到投资机构关注。

4. 电子商务战略推进与规模化发展阶段(2011 年至今)

《中华人民共和国国民经济和社会发展第十二个五年规划纲要(2011—2015 年)》提出：积极发展电子商务，完善面向中小企业的电子商务服务，推动面向全社会的信用服务、网上支付、物流配送等支撑体系建设。鼓励和支持连锁经营、物流配送、电子商务等现代流通方式向农村延伸，完善农村服务网点，支持大型超市与农村合作组织对接，改造升级农产品批发市场和农贸市场。

2011年10月，商务部发布的《“十二五”电子商务发展指导意见》（商电发〔2011〕第375号）指出：电子商务是网络化的新型经济活动，已经成为我国战略性新兴产业与现代流通方式的重要组成部分。

2012年，淘宝（天猫）、京东商城、当当、亚马逊、苏宁易购、1号店、腾讯QQ商城等大型网络零售企业均提供了开放平台。开放平台包括了网络店铺技术系统服务、广告营销服务和仓储物流外包服务，开放平台为大型网络零售企业带来了高附加值的服务收入。这表明产业增加值正在向网络营销、技术、现代物流、网络金融、数据等现代服务升级。

电子商务经历了多年的变迁，使得市场不断细分：从综合型商城（淘宝为代表）到百货商店（京东商城、一号店），再到垂直领域（红孩子、七彩谷），接着进入轻品牌店（凡客），用户的选择越来越趋于个性化，中国的电子商务已进入了一个全网竞争、不断完善、高速成长的纵深型发展阶段，不再是一家独大的局面。

二、我国电子商务的未来发展趋势

（一）电子商务的应用领域不断拓展和深化

“十二五”以来，我国电子商务相关的法律法规、政策、基础设施建设、技术标准以及网络等环境和条件逐步得到改善。随着国家监管体系的日益健全、政策支持力度的不断加大、电商企业及消费者的日趋成熟，我国电子商务将迎来更好的发展环境。

（二）产业融合成为电子商务发展新方向

随着电子商务迅猛发展，越来越多的传统产业涉足电子商务。

近年来涌现出的O2O模式(线上网店与线下消费融合)已在餐饮、娱乐、百货等传统行业得到广泛应用。O2O模式是一个“闭环”，电商可以全程跟踪用户的每一笔交易和满意程度，即时分析数据，快速调整营销策略。也就是说，互联网渠道不是和线下隔离的销售渠道，而是一个可以和线下无缝链接并能促进线下发展的渠道。今后线上与线下将实现进一步融合，各个产业通过电子商务实现有形市场与无形市场的有效对接，企业逐步实现线上、线下复合业态经营。

(三)移动电子商务等新兴业态的发展将提速

我国电子商务行业积极开展技术创新、商业模式创新、产品和服务内容创新，移动电商、跨境电商、社交电商、微信电商成为电子商务发展的新兴重要领域，将进入加快发展期。

近年来，我国移动互联网用户规模迅速扩大，为移动电子商务的发展奠定了庞大的用户基础，移动购物逐渐成为网民购物的首选方式之一。根据《第34次中国互联网络发展状况统计报告》，截至2014年6月底，我国有6.32亿网民，其中，手机网民规模达到5.27亿。手机使用率首次超越传统个人电脑使用率，成为第一大上网终端设备。2014年6月，我国手机购物用户规模达到2.05亿，同比增长42%，是网购市场整体用户规模增长速度的4.3倍，手机购物的使用比例提升至38.9%。移动电子商务市场交易额占互联网交易总额的比重快速提升。《中国网络零售市场数据监测报告》显示，2014年上半年，我国移动电子商务市场交易规模达到2542亿元，同比增长378%，移动电子商务市场交易额占我国网络市场交易总额的比重已达到1/4。淘宝网数据显示，2013年“双11”活动中，淘宝网移动客户端共成交3590万笔交易，成交额为53.5亿元，是2012年“双11”活动移动客户端成交额的5.6倍。

移动电子商务不仅仅是电子商务从有线互联网向移动互联网的延伸，它更大大丰富了电子商务应用，今后将深刻改变消费方式和支付模式，并有效渗透到各行各业，促进相关产业的转型升级。发展移动电子商务将成为提振我国内需和培育新兴业态的重要途径。

第四节　电子商务系统的构成

一、电子商务应用系统的构成

从技术角度看，电子商务的应用系统由三部分组成。

（一）企业内部网

企业内部网由 Web 服务器、电子邮件服务器、数据库服务器以及客户端的 PC 机组成。所有这些服务器和 PC 机都通过先进的网络设备集线器（HUB）或交换器（SWITCH）连接在一起。

Web 服务器可以向企业内部提供一个内部 WWW 站点，借此提供企业内部日常的信息访问；电子邮件服务器为企业内部提供电子邮件的发送和接收；数据库服务器通过 Web 服务器对企业内部和外部提供电子商务处理服务；客户端 PC 机则用来为企业内部员工提供访问工具，员工可以通过 Internet Explorer 等浏览器在权限允许的前提下方便快捷地访问各种服务器。

企业内部网（Intranet）是一种有效的商务工具，通过防火墙，企业将自己的内部网与 Internet 隔离，它可以用来自动处理商务操作及工作流，增强对重要系统和关键数据的存取，也可共享经验，共同解决客户问题，并保持组织间的联系。

（二）企业外联网

企业外联网是架构在企业内联网和供应商、合作伙伴、经销商等其他企业内联网之间的通信网络。也可以说，企业外联网是由两个或两个以上的企业内联网连接而成的。这样组织之间就可以访问彼此的重要信息，如定购信息、交货信息等。当然，组织间通过外联网各自的需要共享一部分而不是全部的信息。

（三）互联网（Internet）

它是电子商务最广泛的层次。任何组织都可以通过 Internet 向世界上所有的人发布和传递信息，而任何人都可以访问 Internet 获得相关信息和服务。当企业需要和其他所有的公司和广大消费者进行交流的时候，它们就必须充分利用互联网。互联网是目前世界上最大的计算机通信网络，它将世界各地的计算机网络联结在一起，企业开展全面的电子商务必须借助互联网。

在建立了完善的企业内部网和实现了与互联网之间的安全连接后，企业已经为建立一个好的电子商务系统打下良好基础。在这个基础上，企业开发公司的网站，向外界宣传自己的产品和服务，并提供交互式表格方便消费者的网上定购；增加供应链管理（Supply Chain Management，简称 SCM）、企业资源计划（Enterprise Resources Planning，简称 ERP）、客户关系管理（Customer Relationship Management，简称 CRM）等信息系统，实现公司内部的协同工作、高效管理和有效营销。

在企业内联网、外联网以及借助互联网的前提下，企业才可能实现真正意义上的完全的电子商务。

二、电子商务系统的技术组成

网上交易的完成看似简单，但却是建立在复杂的电子商务基本框架基础之上的。诸如网上招聘、网络广告等其他形式的电子商务，也同样需要技术的支持。电子商务框架是从技术角度对电子商务的概括，是电子商务实施的技术保证。它主要包括网络层、发布层、传输层、服务层和应用层几个层次，技术标准和政策、法律、法规则是指导和约束这技术层次的两大支柱因素。

(一)网络层

网络层是电子商务的底层硬件基础设施，是信息传输的基本保证。在现有技术的基础上，网络层主要包括远程通信网(Telecom)、有线电视网(CableTV)、无线通信网(Wireless)和计算机网络。远程通信包括电话、电报，无线通信网包括移动通信和卫星网，计算机网络则包括 Intranet、Extranet 和 Internet。目前，这些网络基本上是独立的，但是，“多网合一”是将来技术发展的大势所趋，各种信息传输途径将实现真正意义上的整合。

在各类信息传输的通信网络中，计算机网络是电子商务发展最重要的通信手段，而其中最关键的则是 Internet。可以说，Internet 的产生和发展以及投入公众领域才使得电子商务大规模发展成为了可能。

(二)发布层

技术角度而言，电子商务系统的整个过程就是围绕信息的发布和传输进行的，它完全依赖信息技术对数字化信息流动的控制。发布层位于网络层的上面，主要是解决多媒体信息的发布问题。各种信息主要以文字、图形、图像、声音、视频等形式体现，对于计算机而言，它们都可以转化成 0 或 1 代码，在本质上没有区别。

目前，常用的网络信息发布方式是 HTML (Hypertext Markup Language，超文本标记语言)格式，在其基础上发展起来的 XML (Extensible Markup Language，可扩展标记语言)是一种描述标记语言的元语言，使用者在其基础上建构自己的标记语言的定义工具，它提供了一个坚定的共同平台，让不同平台或受系统限制的软件能够彼此相互沟通。这种通用的、弹性的、可扩展的方法，开启了 XML 无可限制的使用范围，从文字处理、电子商务到数据备份储存，XML 的影响力是十分巨大的。而 ebXML 就是在 XML 基础上发展起来的一种专门应用于电子商务领域的标记语言。Java 则是一种程序设计语言，通过程序运行的角度解决多媒体信息的发布。应用 Java 可以更方便地使这些传播适用于各种网络(有线、无线、光纤、卫星通信等)，各种设备(PC、工作站、各种大中型计算机、无线接收设备等)，各种操作系统(Windows、NT，UNIX 等)以及各种界面(字符界面、图形界面、虚拟现实等)。此外，CORBA、COM 等技术也为异种平台连接提供方便。

(三)传输层

传输层是对发布信息的传递，主要有两种方式：非格式化的数据传输，比如用 FAX 和 E-mail 传输的消息，它主要是面向人的；格式化的数据传输，EDI 就是这种传输方式的典型代表，它的传递和处理过程是面向机器的，无需人的干涉，订单、发票、装运单等都比较适合这种方式的数据传输。而 HTTP 是 Internet 上十分常用的协议，它以统一的显示方式，在多种环境上显示非格式化的多媒体信息。人们可以在各种终端和操作系统下通过使用 HTTP 协议的浏览器软件，根据统一资源定位器(Uniform Resource Locator，URL)找到需要的信息。

(四)服务层

服务层为方便网上交易提供通用的业务服务，是所有企业、个人从事电子商务活动都会使用的服务。它主要包括安全、认证、电子支付等。

数字化信息在电子化环境下的传递和传统信息传递有所不同。数字化信息容易被不留痕迹地篡改，在传输的过程中也容易丢失，并且一旦发生了冲突，要想寻找相应的证据并非轻而易举。因此，通过网络进行的消息传播要适合电子商务的业务，需要确保安全和提供认证，使得传递的消息是可靠的、不可篡改的、不可抵赖的，并在有争议的时候能够提供适当的证据。这个过程通常是由专门的安全认证机构通过一定的算法来解决的。

交易活动的最终完成必然有资金的支付。在电子商务环境下，支付活动是以电子支付的形式实现的。购买者发出一笔电子付款(以电子信用卡、电子支票或电子现金的形式)，并随之发出一个付款通知给卖方，卖方通过中介的验证获得付款。为了保证网上支付是安全的，就必须保证交易是保密的、真实的、完整的和不可抵赖的，目前的做法是用交易各方的电子证书(即电子身份证明)来提供端到端的安全保障。

(五)应用层

在基础通信设施、多媒体信息发布、信息传输以及各种相关服务的基础上，人们就可以进行各种实际应用。如供应链管理、企业资源计划、客户关系管理等各种实际的信息系统，以及在此基础上开展企业的知识管理、竞争情报活动。而企业的供应商、经销商、合作伙伴以及消费者、政府部门等参与电子互动的主体也是在这个层面上和企业产生各种互动。

在以上五个层次的电子商务基本框架的基础上，技术标准和政策、法律、法规是两类影响其发展的重要因素。

首先，技术标准是信息发布、传递的基础，是网络上信息一致性的保证。技术标准不仅仅包括硬件的标准，如规定光纤接口的型号；还包括软件的标准，如程序设计中的一些基本原则；包括通信标准，如目前常用的TCP/IP协议就是保证计算机网络通信顺利进行的基石；还包括系统标准，如信息发布标准XML或专门为电子商务制定的ebXML，以及VISA和Mastercard公司同业界制定的电子商务安全支付的SET标准。各种类型的标准对于促进整个网络的兼容和通用十分重要，尤其是在十分强调信息交流和共享的今天。

其次，国家对电子商务的管理和促进可以通过其采取的政策来实现。电子商务是对传统商务的彻底革命，由此也带来了一系列新的问题。国家和政府通过制定各种政策来引导和规范各种问题的解决，采用不同的政策可以对电子商务的发展起到支持或抑制作用。目前各国政府都采取积极的政策手段鼓励电子商务的快速发展。美国的《全球电子商务框架》和我国的《国家电子商务发展总体框架》都是重要的体现。具体说来，政府的相关政策围绕电子商务基础设施建设、税收制度、信息访问的收费等问题进行。另外，电子商务是真正跨国界的全球性商务，如果各个国家按照自己的交易方式运作电子商务，势必会阻碍电子商务在本国乃至世界的发展。因此，必须建立一个全球性的标准和规则保证电子商务的顺利实施。各国政府在政策的制定过程中，也要考虑其他国家的政策以及国际惯例。

最后，国家和政府也可以通过制定法律、法规来规范电子商务的发展。法律维系着商务活动的正常运作，对市场的稳定发展起到了很好的制约和规范作用。电子商务引起的问题和纠纷也需要相应的法律法规来解决。而随着电子商务的产生，原有的法律法规并不能完全适应新的环境，因此，制定新的法律法规，并形成一个成熟、统一的法律体系，对世界各国电子商务的发展都是不可或缺的。

三、电子商务系统的要素组成

从要素构成的角度讲，电子商务活动一般由电子商务实体、电子市场、交易事务和信息流、商流、资金流、物流等基本要素构成。电子商务实体是指能够从事电子商务的客观对象。它可以是企业、银行、商店、政府机构和个人等。电子市场是指电子商务实体从事商品和服务交换的场所。它由各种各样的商务活动参与者，利用各种通信装置通过网络将他们连接成一个统一的整体。交易事务是指电子商务实体之间所从事的具体的商务活动的内容，例如询价、报价、转账支付、广告宣传、商品运输等。电子商务中的任何一笔交易都包含着各种基本的流，即信息流、商流、资金流、物流。其中，信息流既包括商品信息的提供，促销行销，技术支持，售后服务等内容，也包括诸如询价单、报价单、付款通知单、转账通知单等商业贸易单证，还包括交易方的支付能力、支付信誉等。商流是指商品在购销之间进行交易和商品所有权转移的运动过程，具体是指商品交易的一系列活动。

资金流主要是指资金的转移过程，包括付款、转账等过程。在电子商务活动中，信息流、商流和资金流的处理都可以通过计算机和网络通信设备实现。物流作为四流中最为特殊的一种，是指物质实体商品或服务的流动过程，具体指运输、储存、配送、装卸、保管、物流信息管理等各种活动。对于少数商品和服务来说，可以直接通过网络传输的方式进行配送，如各种电子出版物，信息咨询服务，有价信息软件等。而对于大多数商品和服务来说，物流仍要经由物理方式传输。在电子商务过程的流中，信息流最为重要，它在一个更高的位置上实现对流通过程的有效监控，能有效地减少库存，缩短生产周期，提高流通效率。而物流是实现电子商务的重要环节和基本保证，在电子商务活动中，消费者通过上网点击购物，完成了商品所有权的交割过程即商流过程。但电子商务的活动并未结束，只有商品和服务真正转移到消费者手中，商务活动才告以终结，所以在整个电子商务的交易过程中，物流实际上是以商流的后续者和服务者的姿态出现。

电子商务是一种以信息为基础的商业交易的实现方式，是商业活动的一种新模式。各行业的企业可以通过网络连接在一起，使得各种现实与虚拟的合作成为可能。在一个供应链上的所有企业都可以成为一个协调的合作整体，企业的雇员也可以参与到供应商的业务流程中。零售商的销售终端可以自动与供应商连接，采购订单会自动被确认并安排发货。任何企业都可能与世界范围内的供应商或客户建立业务关系，企业也可以通过全新的方式向顾客提供更好的服务。电子商务可以提高贸易过程中的效率，也为中小企业提供了一个新的发展机会。

四、电子商务系统的经营层次组成

电子商务中最重要的主体是企业。按照企业参与电子商务的程度，可以把电子商务分成 3 个层次。

(一)电子商情

初级层次的电子商务即在网上做广告或者提供商情。凡是利用信息技术手段进行商务活动都可被看成广义的电子商务。这是广泛的低层次的电子商务，在该层次上，企业主要完成上网工作。这个层次的电子商务简单易行，依靠一台个人电脑和一根网线就可以实现。企业可以通过上网获取 Internet 上的各种信息，包括合作伙伴、经销商、供应商以及竞争对手、行业协会、政府部门的大量信息。通过 E-mail 等手段，企业还可以和客户、厂商进行沟通。严格地说，这和真正意义上的电子商务，如网上交易还相距甚远。但是，完全意义上的网上交易是建立于上网这个初级阶段之上的。

(二)网上撮合

是中级层次的电子商务，主要功能是通过网络进行信息传递和信息服务，撮合买卖双方进行交易，签订合同，是电子商情的扩展。企业需要在 Internet 上宣传自己。首先是建立本企业的主页，在自己的主页上发布各种信息，树立形象，宣传产品，通过租用其他商业网站的形式在 Internet 上发布。企业也可以建立自己的网站。但这样，企业除了需要申请专用的域名之外，还需要建设和维护自己的服务器和数据库。尽管这种方式的网上宣传在资金和人力上的投入较前一种要多，但是，这样企业对信息的发布、更改和删除有了完全的自主性，从而可以获得更好的宣传效果。再次，企业可以在其网站上提供交互表格等形式的服务，以方便用户进行网上订购。企业可以通过对网上订单的处理，推荐应用“邮局汇款”“货到付款”等方式解决支付和配送等问题。

（三）完全实现电子交易

是电子商务的高级层次，它的核心就是电子支付和电子结算，逐步实现物流和资金流的网上结算。企业利用内联网、外联网和Internet，实现企业内部、企业之间以及企业和政府部门、消费者之间的所有联系。企业内部之间的各种信息沟通、协作交流都可以通过电子的方式进行；企业和企业之间的洽谈、定购、信贷等活动都通过外联网实现；通过 Internet 参与政府采购、上缴税收、接受商检；通过 Internet 向世界各地的消费者宣传企业的产品和服务、提供信息服务和技术支持、接受网上订购、完成网上支付并最终实现商品或服务的配送。

高级层次的电子商务可以说是彻底的电子商务。企业的生产、财务、管理、营销等所有活动都通过信息技术和信息系统来实现，这不但大大简化了企业内部的交流，使企业各部门之间以及企业之间能够更好地协作，从而提高了办公效率；另外，也加强了和政府相关管理部门的联系，拓展了市场范围，使得潜在市场扩大到整个世界，增进了和客户的沟通，从而最终促进了企业产品和服务的销售，使得企业获得了更多的利润。但企业要实现最高层次的电子商务，需要一定的软硬件条件，也受到企业文化等人文性质因素的影响。因此，企业在实施电子商务的过程中，应该根据自己的实际需要和现有条件与能力，从最初级做起，循序渐进。

第五节 农村正成为下一个电子商务的发展点

一、农村和电子商务有着互补性的合作关系

近年来，我国电子商务发展迅速。以往的电商发展模式大多扎根于城市，而农村由于消息闭塞，交通不便等原因，没有发展起来。面对新形势，“农村电商”的提法也越来越进入人们的视野内，农村电商平台可以实现生产、销售信息的无缝对接，有效缓解了买难卖难的问题，不仅仅让在农村的消费者足不出户就能够享受到来自全球的商品，而且帮助农业生产者更好地把产品销往全国各地乃至销往世界各地。通过互联网，农民不用进城打工，不用进城找各种工作机会，也能够依靠家乡的资源，各种特色，通过网络进行创业。而且农民的生产资料的供给和需求，通过互联网的方式能够更好地满足。

二、电子商务正逐步向农村发展

近期国务院出台了《关于促进农村电子商务加快发展的指导意见》(以下简称《意见》)，明确提出到2020年初步建成统一开放、竞争有序、诚信守法、安全可靠、绿色环保的农村电商市场体系。

《意见》提出了七大政策措施，包括加强政策扶持、鼓励和支持开拓创新、大力培养农村电商人才、加快完善农村物流体系、加强农村基础设施建设、营造规范有序的市场环境。

这一关于农村电商的顶层设计一经提出马上受到各方关注，作为一个基数庞大尚待开发的市场，要创造出另一个阿里巴巴或是京东也并非不可能。

根据CNNIC最新报告数据显示，全国共有农村网民1.86亿人，

仅占农村总人口数量的20%，农村地区互联网普及率仅为30.1%，不到城市普及率的50%。而另一组数据显示，网民中有56%参与网购。

从我国农村电商当前发展情况来看，主要分为农产品电商和农资电商两类，两者市场规模均在万亿元以上，农村电商必然是下一个创富风口。

目前国内参与农村电商的企业大致分为三类，以阿里、京东为代表的互联网企业，以金正大、新都化工为代表的农资企业以及以辉隆股份为代表的供销社平台。

从市场细分的角度来看，农产品电商这种基于城市消费群体的电商模式，如今已经积聚了太多的竞争者，更何况有巨头的介入。相比较而言，农资电商的发展空间更大一点。

所谓农资，是农用物资的简称，包括种子、农药、化肥、农膜及农业生产、加工、运输机械等。统计表明，目前国内农资市场容量超过2万亿元人民币，其中种子、化肥、农药、农机四类农资产品的市场空间分别约为3500亿、7500亿元、3800亿元和6000亿元，市场空间巨大但电商化率很低。

另外的机会在于物流方面。众所周知的是，与城市发达的物流业不同，农村的物流发展滞后，这大大制约了农村电商的发展。无论是对于“最初一公里”还是“最后一公里”而言，没有物流体系的保障一切都是空谈。

事实上，除了我们传统意义上所认识的电商以外，更应该关注的可能是互联网的介入，会让传统农耕模式产生怎样的变化。我们关注的重点不应该只在销售领域，更可以多留意农业电商的发展会否重塑沿袭了数千年的农耕模式，这也许会是一个更好的介入点。

第六节　农产品电子商务的基本流程

对于 Internet 上的电子商务交易来讲，大致可以归纳为网络商品直销和网络商品中介交易这两种基本的流程。不同类型的电子商务交易，其流程是不同的。

一、网络商品直销的流程

网络商品直销是指消费者和生产者，或者是需求方和供应方直接利用网络形式所开展的买卖活动。这种在网上的买卖交易最大的特点是供需直接见面，环节少，速度快，费用低。

①买方寻找、比较商品：消费者在 Internet 上查看企业和商家的主页(HomePage)；

②买方下订单：消费者通过购物对话框填写姓名、地址、商品品种、规格、数量、价格；

③买方付费：消费者选择支付方式，如信用卡、借记卡、电子货币、电子支票等，企业或商家的客户服务器接到定单后检查支付方的服务器，确认汇款额是否被认可；

④卖方发送商品、买方取得商品：企业或商家的客户服务器确认消费者付款后，通知销售部门送货上门；

⑤卖方取得货款：消费者的开户银行将支付款项传递到信用卡公司，信用卡公司将货款拨付给卖方，并将收费单发给消费者。

上述过程中认证中心(CA)作为第三方，确认在网上经商者的真实身份，保证了交易的正常进行。

网络商品直销的诱人之处，在于它能够有效地减少交易环节，大幅度地降低交易成本，从而降低消费者所得到的商品的最终价格。消费者只需输入厂家的域名，访问厂家的主页，即可清楚地了解所需商品的品种、规格、价格等情况，而且，主页上的价格最接近出厂价，这样就有可能达到出厂价格和最终价格的统一，从而使厂家的销售利润大幅度提高，竞争能力不断增强。

网络商品直销的不足之处主要表现在两个方面。第一，购买者只能从网络广告上判断商品的型号、性能、样式和质量，对实物没有直接的感知，在很多情况下可能产生错误的判断。而某些厂商也可能利用网络广告对自己的产品进行不实的宣传，甚至可能打出虚假广告欺骗顾客。第二，购买者利用信用卡进行网络交易，不可避免地要将自己的密码输入计算机，由于新技术的不断涌现，犯罪分子可能利用各种高新科技的作案手段窃取密码，进而盗窃用户的钱款。这种情况不论是在国外还是在国内，均有发生。

二、网络商品中介交易的流程

网络商品中介交易是通过网络商品交易中心，即虚拟网络市场进行的商品交易。在这种交易过程中，网络商品交易中心以 Internet 网络为基础，利用先进的通信技术和计算机软件技术，将商品供应商、采购商和银行紧密地联系起来，为客户提供市场信息、商品交易、仓储配送、货款结算等全方位的服务。

买卖双方各自的供、需信息通过网络告诉网络商品交易中心，网络商品交易中心通过信息发布服务向交易的参与者提供大量的、详细准确的交易数据和市场信息。

买卖双方根据网络商品交易中心提供的信息，选择自己的贸易伙伴。网络商品交易中心从中撮合，促使买卖双方签订合同。

买方在网络商品交易中心指定的银行办理转账付款手续。

网络商品交易中心在各地的配送部门将卖方货物送交买方。

通过网络商品中介进行交易具有许多突出的优点：首先，网络商品中介为买卖双方展现了一个巨大的世界市场，这个市场网络储存了全世界的几千万个品种的商品信息资料，可联系千万家企业和商贸单位。每一个参加者都能够充分地宣传自己的产品，及时地沟通交易信息，最大限度地完成产品交易。这样的网络商品中介机构还通过网络彼此连接起来，进而形成全球性的大市场，目前这个市场正以每年70%的速度递增。其次，网络商品交易中心作为中介方可以监督交易合同的履行情况，有效地解决在交易中买卖双方产生的各种纠纷和问题。最后，在交易的结算方式上，网络商品交易中心采用统一集中的结算模式，对结算资金实行统一管理，有效地避免了多形式、多层次的资金截留、占用和挪用，提高了资金风险防范能力。

第六章　发展智慧农业的难点与对策

尽管各省市区智慧农业的推进取得了一定的成效，但总体上还处于起步阶段，存在的问题也非常多，如：部分基地和企业试点效果良好，但基地多数都是政府示范项目；基地和企业的综合性智能化管理水平还需提高；农村互联网基础设施建设比较薄弱，光纤入户覆盖的“最后一公里”尚未畅通；企业运维成本偏高，短期内难以获得预期的经济效益；基地的发展受制于交通条件、人才缺失等因素，广大农村物流基础设施和互联网公共服务平台的建设远未达到要求；在创新农业物联网商业模式上，农业企业、物联网企业、广大农户多方仍需努力；农民对物联网、云计算等新技术还比较陌生，观念尚待转变。此外，大型互联网零售企业往往很注重“消费品下乡”，而实施“农产品进城”则相对滞后。发展智慧农业的实践应用主要体现在农业物联网、农业大数据和农产品电商三个方面，所以对智慧农业实践中的问题就从这三个方面来加以分析。

第一节　农业物联网技术应用的问题与对策

农业物联网技术的应用不仅有效解决了我国“三农”的问题，更推动了我国农业现代化的发展，对我国农业的快速发展有着十分重要的作用，物联网技术的应用也是未来农业的发展方向。

一、农业物联网发展中的问题

近年来，农业生产领域的物联网应用实践主要集中在农业设施生产环境监控、土壤墒情监测、农产品质量溯源以及粮食储运等环节，应用虽发展得有声有色，但在实施过程中也暴露出农业领域物联网应用推广存在的问题。

(一)应用推广方面有困难

1. 现有农业生产经营模式制约物联网应用规模化的发展

目前，我国农村人均占地少，人口文化素质不高，而且基本是包干到户、分散经营的小农经济，不适合物联网应用的大规模推广。个体农户要部署诸如土壤养分检测和配方施肥的应用只能自购设备，这种方式，成本高、风险大，效益也不明显。目前，设施农业发展得较有起色，这是因为大棚或果园的生产方式易于管理，且能够在成本和效益之间找到平衡。但是真正的农业生产应用应该是面向大面积的室外田地而不是大棚。室外田地缺乏统一的大面积规划和管理，因此严重地阻碍了农业物联网应用的大范围推广。

2. 物联网应用基础设施建设成本较高，造成应用推广困难

推广物联网应用首先要部署传感器，农用传感器多为土壤监测、水质监测等化学类传感器，传感器成本较高。如测温度、湿度、二氧化碳浓度的传感器价格昂贵，后期维护成本又高，而农作物利润率普遍较低，因此部署传感器的投入产出比不高，农民部署传感器的意愿并不强。如何让农民和企业看到物联网应用的效果和可能带来的商业价值，是物联网发展面临的主要问题。

(二)物联网相关产品尚不成熟，未有标准化规范

农业物联网需要用到大量传感器，但是传感器的可靠性、稳定性、精准度等性能指标不能完全满足应用需求，产品的总体质量水平亟待提升。如，土壤墒情监测传感器、二氧化碳浓度传感器、叶表面分析仪等设备和其应用的技术发展尚不成熟，且设备需要长期暴露在自然环境之下，经受烈日和狂风暴雨，容易出故障，使用会

受到影响。

另外，我国目前在传感器与数据平台的应用、人机交互接口等方面还没有出台统一的国家技术标准，各生产厂家无法规模化生产产品，终端成本的选择成为制约物联网技术在农业中推广的重要因素。

（三）多部门协同合作方面不通畅

物联网技术在农业的应用是一个涉及面广泛且复杂的系统工程，农业物联网采集的信息广泛，需要气象、环境、检验等部门、企业、农户多方协作。因此，保证物联网在不同的环节建立信息采集点，有效整合多部门的信息及功能，是解决此问题的关键。

（四）商业模式问题

目前，农业物联网应用的商业模式主要有三种：运营企业做的示范性项目，花费由运营企业支付；农业主管部门推动的项目，花费由农业主管部门支付；一些有需求的大型农场为自己的物联网应用支付开销。这三种模式都没有很好地解决推广农业物联网应用成本高、产业链参与的主动性不够等问题。

二、多管齐下解开应用症结

（一）推广应用的对策

针对目前农业存在的生产分散经营的现状，我们建议在推广农业物联网应用时采取以下措施：

①寻找能够进行大面积土地经营管理的农庄集体经济体；

②以行政村或乡镇为单位组织散户共同实施物联网应用工程，统一采购和集约部署设备及解决方案。

（二）技术产品

针对物联网相关技术、产品不成熟，传感器产品性能差且成本高等问题，我们建议解决方案的提供商与农户业主之间建立密切的合作关系，在实施过程中不断磨合需求与产品功能、性能之间的关系。农户应及时反馈产品的性能缺陷，使厂商能够及时改进、优化产品和解决方案，不断提升技术水平、产品质量。

另外，我国正在建立传感器信息采集等国家标准、行业标准和有关实施细则，这有助于规范各种农业物联网设备和产品的实际操作，加强对传感器和仪器仪表市场的统一管理，保障感知产业的健康发展。

（三）建立适应物联网新技术的现代行政管理模式

政府部门可以加快技术支撑体系的建立，改变现在分割管理的模式，建立适应物联网新技术的现代行政管理模式，建立可以统筹各部门、各信息传输通畅的现代行政管理体系。

（四）开拓创新商业模式

我们也可以开拓创新农业物联网的商业模式，如采取以租代建、购买服务的方式，降低风险和部署成本。为了调动农民的积极性，我们可采取前期免费部署，后期将农产品质量和产量明显提升后增收利润的部分分成作为厂商收入的商业模式，以此推广实施应用。

第二节　农产品电商的问题和对策

一、做农产品电商需考虑的问题

在农村，网上销售发展很快，农民收入提高了，农村经济也得到了相应发展，但是，要想做好农产品电商，在实践之前我们要想清楚五个问题。

（一）关于产品

农产品电商中，产品的选择是企业首先要解决的问题。虽然所有农产品都可以成为电商产品，但不同农产品决定了不同的电商定位。

1. 产品的选择决定了产品定位和客户定位

比如，某电商企业选择做有机产品，定位是中高端客户；还有一些电商企业选择经销全国各地最有特色的农产品，定位是为消费者提供最地道的食物。

2. 产品的选择决定了产品的利润

对于农产品电商企业来说，产品的选择不同，其利润就有很大差别，具体如图 6-1 所示。

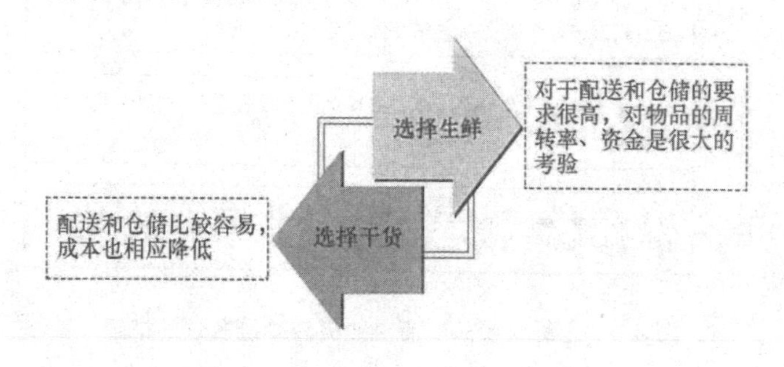

图 6-1　产品选择决定了利润高低

3. 产品的选择决定了产品的售卖难度

由于农产品品类众多，产品的标准化问题一直很难得到解决，每种产品的口感、颜色、形状、大小等都不相同，即便相同的产品也不完全一样，从而会造成产品的售卖难度和客户的体验不同。

(二)关于品牌

未来电商竞争的重点将是品牌以及品牌文化。做电商企业销售农产品，同样要树立品牌战略，重视品牌打造。品牌一旦形成，将会对电商的经营管理产生巨大的影响和能动作用，将有利于各种资源要素的优化组合，促进企业核心竞争力的提高。

（三）关于配送

农产品，尤其是生鲜农产品作为电商销售的产品，配送是一个不容忽视的关键问题。生鲜农产品受温度、环境因素影响较大，生鲜电商企业要想把最“鲜”的产品送到客户手中，冷链配送必不可少。相较于普通的配送，冷链配送的建设成本高出普通配送建设成本的1/3～1/2，而且对软、硬件建设要求极高，是最考验商家实力的一项指标。生鲜农产品电商企业要有所作为，必须突破冷链配送的瓶颈，具体措施如图 6-2 所示。

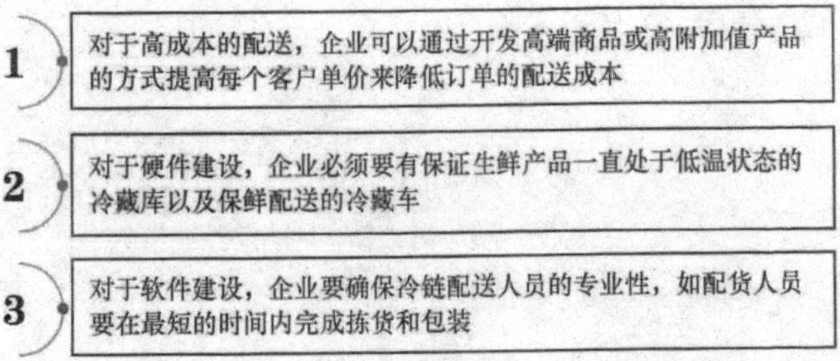

1 对于高成本的配送，企业可以通过开发高端商品或高附加值产品的方式提高每个客户单价来降低订单的配送成本

2 对于硬件建设，企业必须要有保证生鲜产品一直处于低温状态的冷藏库以及保鲜配送的冷藏车

3 对于软件建设，企业要确保冷链配送人员的专业性，如配货人员要在最短的时间内完成拣货和包装

图 6-2　生鲜农产品电商企业突破冷链瓶颈的措施

（四）关于质量

能否保证产品质量关系到消费者对商家的信任，也关系到一个品牌的未来。由于农产品与工业产品不同，产品质量没有统一的标准，因此，厂家在为客户提供产品的时候要更加注重产品的质量保障，具体如图 6-3 所示。

1. 加强对供应链的控制

电商企业从一开始就要严格控制整个供应链的流程，让每个产品从源头到消费者手中的每个环节都实现严密对接，以确保产品新鲜、优质，从而赢得更多客户的信任，具体要求如图 6-4 所示。

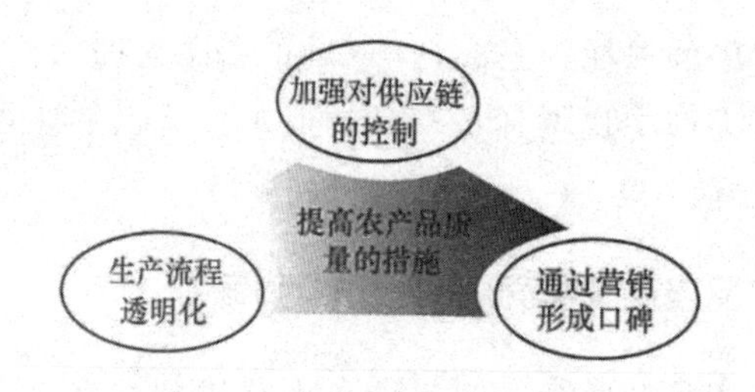

图 6-3　提高农产品质量的措施

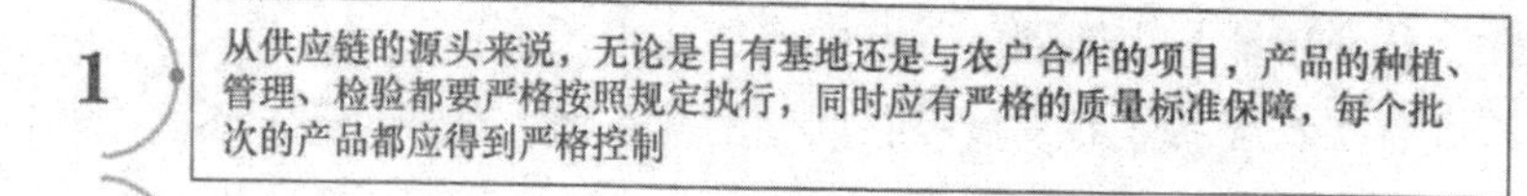

图 6-4　加强对产品供应链的控制的措施

2. 生产流程透明化

例如，某些茶叶电商企业的做法是为每位生产者建立档案，详细记录茶叶在种植过程中每一步的情况，包括施肥、采摘时间等，并且在产品上注明生产者的姓名和生产日期。消费者可以由此追溯每份茶叶的生产过程，以实现对全流程的透明化管理。

3. 通过营销形成口碑

品牌获得消费者的信任还牵涉如何营销的问题。企业只有采用好的营销方式才能让更多的人知道自己的品牌，然后形成优质的口碑。

（五）关于损耗

损耗是农产品电商企业面临的一个很现实的问题，尤其是生鲜农产品，其损耗率一直居高不下。专业人士分析：目前在我国，果蔬在物流过程中的损耗约三成，100 吨的蔬菜有时会产生 20 吨的垃圾。高损耗在无形中也增加了产品的成本，这也是让很多电商企业头疼的一个问题。

二、农产品电商发展面临的困难及对策

目前，农产品电商企业数量还在不断增加，竞争无序、农产品品质参差不齐的现象频频发生，用户食用安全无法保证、商家亏损经营、新开店铺与店铺倒闭并存的问题还很严重。

目前，农产品电商发展存在问题的几方面，如图 6-5 所示。

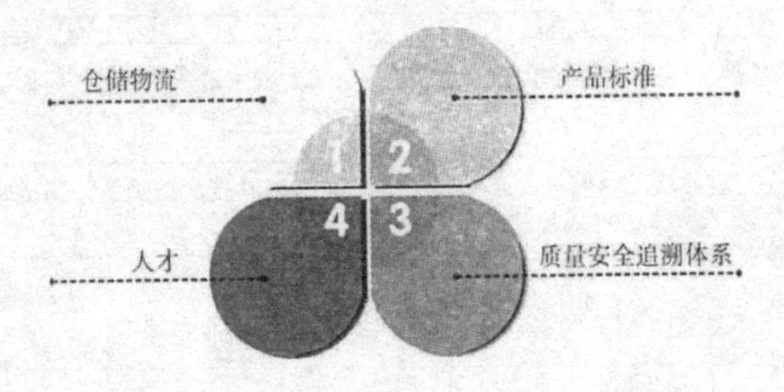

图 6-5 农产品电商发展存在问题的几方面

(一)仓储物流

目前，我们的仓储物流体系还不够完善，主要体现在以下两个方面，具体如图 6-6 所示。

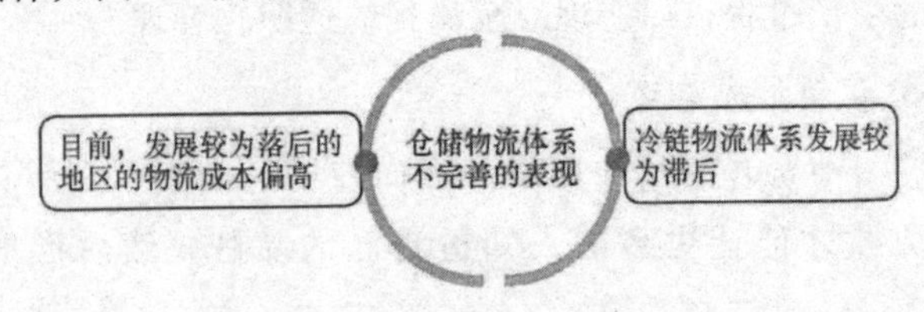

图 6-6 仓储物流体系不完善的表现

仓储物流体系不完善也是制约中、西部较为偏远及交通较为落后地区的电子商务发展的因素。物流制约农产品电商发展的原因如

图 6-7 所示。

图 6-7　物流对农产品电商发展的影响

解决农产品仓储物流的问题，不仅涉及基础设施及设备的巨额投资，还涉及道路建设，单靠个别小生产者是不可能解决的。这时，政府需要出面，具体对策如图 6-8 所示。

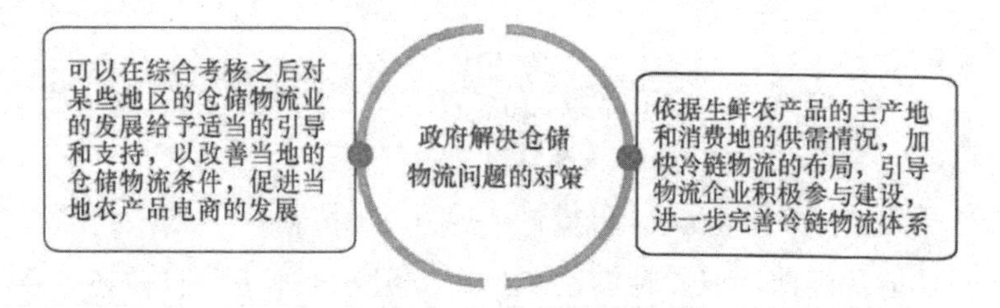

图 6-8　政府解决仓储物流问题的对策

（二）产品标准

目前，很多农产品都是没有行业标准的，尤其是蔬菜、水果类产品，具体表现如图 6-9 所示。

对此，政府可采取以下措施，加强管理农产品标准，具体内容如图 6-10 所示。

（三）质量安全追溯体系

质量安全追溯体系不仅具有追溯安全事故责任的功能，还应当为消费者提供辨别产品质量的依据。例如，不少生产者为了取得消费者的信任，直接在生产源头安装 24 小时工作的摄像头，为消费者

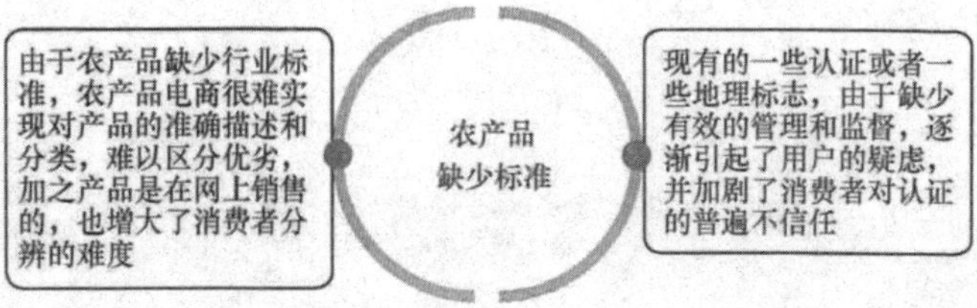

由于农产品缺少行业标准，农产品电商很难实现对产品的准确描述和分类，难以区分优劣，加之产品是在网上销售的，也增大了消费者分辨的难度
农产品
缺少标准
现有的一些认证或者一些地理标志，由于缺少有效的管理和监督，逐渐引起了用户的疑虑，并加剧了消费者对认证的普遍不信任

图 6-9　农产品缺少标准

1
充分发挥各行各业的行业协会等组织的力量，加快制订各类农产品的标准
2
各级政府相关部门、行业协会等应当加强对各类标准和认证的监管
3
加大对违规认证机构的处罚，使各种认证和标准真正具有公信力

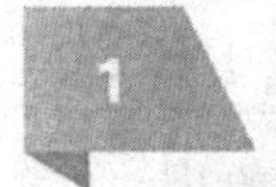

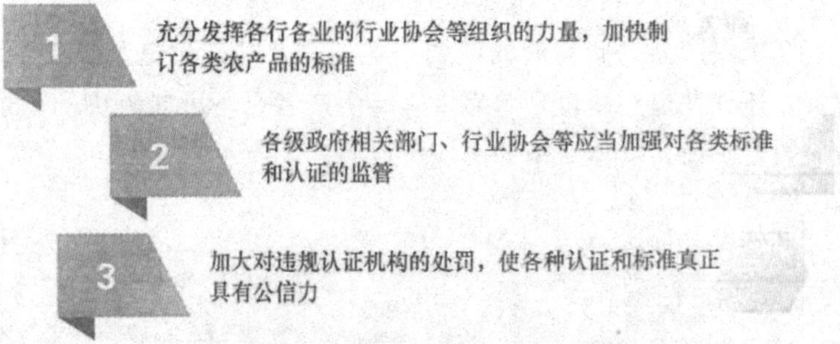

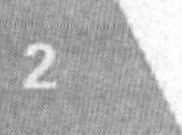

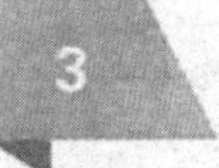

图 6-10　加强农产品标准管理的措施

提供实时的画面。但此种办法从推广应用效果来看，目前还处在初期探索阶段。

政府应加强与各个企业的联系及合作，通过联合各方力量和优势，加快推出较为可行且相对统一的标准，以促进该行业更加有序规范地发展；另外，质量安全追溯体系应当主要由谁来实施、谁来维护、谁来监管、谁来付费等问题也应得到政府的高度重视。

（四）人才

各行各业的发展都需要人才，农产品电商也是如此。农产品电商的发展主要需要以下三大类人才，如图 6-11 所示。

因此，各地在发展农产品电商时，不仅要加强人才引进和人员培训，更应当充分与协会、农业专业合作社等各种组织结合，借助电子商务这股新风促进当地农业的发展。

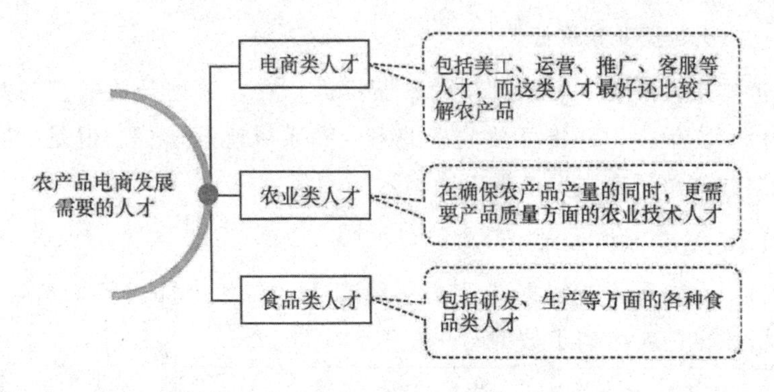

图 6-11　农产品电商发展需要的人才

第三节　农业大数据发展的难点与对策

随着农村电商的发展，农业上下游的农资销售、农业生产、农产品流通数据以及与农业关联的土地流转、气象、土壤、水文等数据，均获得大规模的积累沉淀，这些大数据将成为农业决策实施的关键。

一、大数据发展的痛点与问题

（一）网络基础服务设施不完善

数据的时效性决定了大数据农业的精准与高效。但是，我国农村，尤其是偏远农村地区的经济发展落后、地质条件相对复杂、人口分布大多分散、网络信息基础设施建设和运行维护的成本收益比不合理，从而在一定程度上造成了市场失灵、网络数字鸿沟呈现扩大趋势。目前，许多的行政村并没有接通宽带，这一短板极大地阻碍了农业大数据的发展进程。因此，先完善网络基础服务设施成为发展农业大数据的首要问题。

（二）大数据共享度低

近年来，随着我国信息化的不断推进，农业数据开放共享的基础环境不断优化，一批开放共享的平台和系统逐渐形成。但是，农业数据共享总量有限，水平亟待提高。

1. 参与农业数据统计的部门众多

目前，参与农业数据统计的部门有很多，各个部门各取所需，造成数出多门，阻碍了数据的开放共享。

2. 共享技术支撑不足

共享技术支撑不足表现在以下三个方面，如图6-12所示。

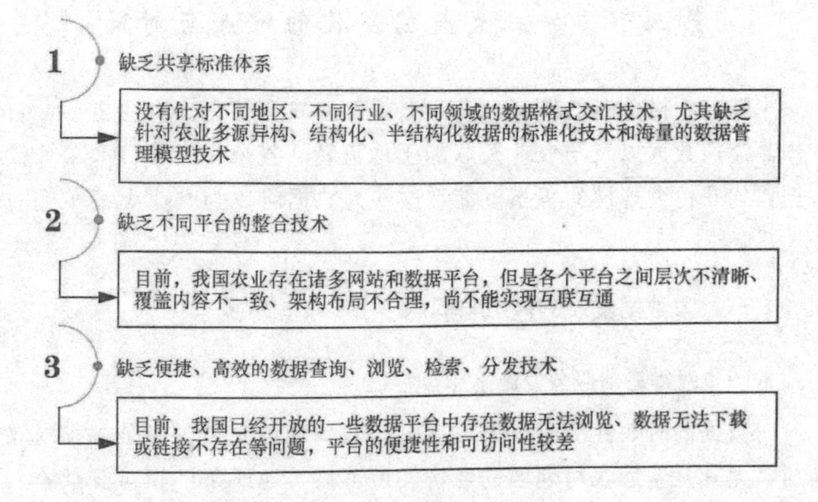

图6-12　共享技术支撑不足的表现

（三）大数据人才匮乏

农业大数据的发展离不开雄厚的人力资源保障，其发展不仅需要精通农业知识的相关人才，还需要懂得大数据挖掘处理技术的计算机人才、农业数据网络人才和信息管理人才，这些人才聚集在一起共同构成一个有机的农业大数据技术团队。但是就目前的农村现状而言，发展大数据农业的人力资源并不乐观：一方面，随着城市化进程的不断加快，大量青壮年劳动力涌入城市务工，有能力掌握新技术的劳动力不断流失，农村空心化、土地撂荒现象时有发生；另一方面，由于政治、经济、社会、自然等多方面的综合原因，广大农村地区难以引进专业的技术人才，即使行业可以幸运地引进相关技术人员，往往也由于没有完善的配套激励措施导致大量专业技术人才流失，造成农业大数据的实践主体严重缺位。

二、农业大数据的发展对策

农业大数据快速发展需要依靠更完备的信息化基础、更透彻的农业信息感知、更集中的数据资源、更广泛的互联互通、更深入的智能控制和更贴心的公众服务。

（一）政府主导，多方推进农业大数据的示范与推广

当前，无论是农村电商还是大数据产业，都处于发展的初级阶段。依托大数据技术广泛推动农业发展，在短时间内并不现实，农业大数据市场还是一个充满机遇、有待开发的市场。

因此，农业大数据市场的发展需要政府部门、涉农企业、大数据企业和农业生产经营主体多方合力、共同推动。有关部门需要提供政策支持，引导涉农企业、大数据企业构建以品种或区域为中心的农业大数据平台，让农业大数据服务成为企业的直接赢利项目或配套的增值服务。

（二）推动大数据的基础设施建设

大数据与农业更好地结合，需要依靠大数据的基础设施建设。相关人员应尽可能开发政府掌握的各类涉农大数据，还需制订针对各区域、各品种的农资解决方案。

各级政府部门应该拨发专项资金大力支持农村网络基础设施建设，扩大通信管网、增加无线基站、提高各级机房等设施的覆盖面，保证网络覆盖到每一个行政村，为实现大数据农业提供坚实的物质基础。电信企业则需要提升服务能力，贯彻提速降费政策。

（三）大力推进农业大数据共享开放

国家应该全面、细致、强力地规划农业大数据产业，减少大数据资源共享的屏障。

1. 加强数据共享顶层设计

政府推动建立农业大数据共享中心，明确国家层面农业大数据平台、中心和系统的建设任务，理清不同层面平台的衔接配合关系，明确各部门数据共享的范围边界，明确各部门数据管理及共享的义务和权利，将原本分散存储的数据统一汇集到公共数据中心，强力推进数据的共建共享。

另外，政府还可以通过财政、税收等措施对相关主体进行必要的经济补贴，从而引导相关利益部门开放农业大数据共享平台，实现农业大数据资源的无障碍流通。

2. 完善数据共享技术体系

“云物移大智”（即云计算、物联网、移动互联网、大数据、智慧城市）时代的信息共享必须有多种数据共享技术的支撑。

3. 制订数据共享内容标准

数据标准是实现数据共享的基础支撑条件。各级政府部门应积极推进现代农业数据标准体系的建设，建立农业数据基础标准、采集标准、质量标准、处理标准、安全标准、平台标准和应用标准等。

4. 完善数据开放共享机制

各级政府还应建设涉农部门、涉农行业、涉农领域信息共享机制，逐步实现上下级、跨部门、跨领域的农业数据信息共享、发布和开放利用机制。

（四）加强农业大数据技术的培训推广

各级政府部门需要加大对农业大数据相关知识和技能的培训力度，运用农民认为通俗易懂的语言，深入浅出地传授农业大数据的技术手段和管理方法，要让农民“听得懂、学得会、记得牢、做得好”。各级政府部门还应成立农业大数据技术推广组，邀请农业大数据技术人员随时为农民答疑解惑，提供技术咨询服务，保证农业大数据技术在基层得到有效普及与推广。

主要参考文献

1. 杨丹. 智慧农业实践[M]. 北京：人民邮电出版社，2019.

2. 姚振刚. 物联网技术与智慧农业[M]. 北京：中国农业出版社，2018.

3. 马丽婷. 智慧农业：手把手教会农民身边的物联网应用技术[M]. 北京：中华工商联合出版社有限责任公司，2017.

4. 童云. 智慧农业与产业融合[M]. 合肥：安徽科学技术出版社，2017.

5. 江洪. 智慧农业导论：理论、技术和应用[M]. 上海：上海交通大学出版社，2015.

6. 于合龙，曹丽英，李健. 信息技术与智慧农业[M]. 长春：东北师范大学出版社，2014.

7. 王玉洁等. 物联网与智慧农业[M]. 北京：中国农业出版社，2014.